Nigel Mortimer

Isaac Newton & Die geheime Sonnenuhr

Die Sonnenuhr von Settle – Portal in eine andere Welt

Dies ist eine wahre Geschichte

Nigel Mortimer

Isaac Newton &
Die geheime Sonnenuhr

Die Sonnenuhr von Settle – Portal in eine andere Welt

Dies ist eine wahre Geschichte

„Isaac Newton & Die geheime Sonnenuhr"
Erste Auflage September 2012
Übersetzung von Daniela Mattes

Ancient Mail Verlag Werner Betz
Europaring 57, D-64521 Groß-Gerau
Tel.: 0 61 52/5 43 75, Fax: 0 61 52/94 91 82
www.ancientmail.de
E-Mail: ancientmail@t-online.de

Umschlaggestaltung: Sandra Schmidt
Druck: Digital Print Group O. Schimek GmbH

ISBN 978-3-943565-99-7

Inhalt:

„Nature and Nature's laws lay hid by night,
God Said „Let Newton be!" And all was light."

Alexander Pope

Einführung

Stellen Sie sich einen Ort vor, an dem die Zeit stillsteht, einen alten Platz, an dem intelligente Lebewesen wie Sie und ich leben, die aber spirituell weiter entwickelt sind und die in unsere Wirklichkeit eintreten und uns das notwendige Wissen für den weiteren spirituellen Wachstum der Menschheit bringen. Wenn ein solcher Ort existieren würde, wäre das das größte Geheimnis aller Zeiten!

Die tatsächliche Existenz der Sonnenuhr von Settle (*„The Settle Sun Dial"*), einem Sternentor in andere Dimensionen, wurde von dem Autor und seiner Frau in den Sommermonaten des Jahres 2011 entdeckt. Sie fanden sich selbst auf einer unvergleichlichen Suche nach der ultimativen Enthüllung, wie die britische Regierung im 18. Jahrhundert das eigene Volk in die Irre geführt hat und ihm weisgemacht hat, dass das Portal etwas völlig anderes sei bevor sie die heilige alte Stätte ausradiert haben, auf der es einst stand. Der Autor wurde in den darauffolgenden Wintermonaten psychisch angegriffen und ernsthaft krank, nachdem ihn ein Geist dafür verflucht hatte, dass er die Wahrheit über das Sternentor herausfinden wollte. Angetrieben von der Aufdeckung des okkulten Wissens, das seit so langer Zeit versteckt war, stieß er auf die faszinierende Tatsache, dass Sir Isaac Newton insgeheim das *„Settle Sund Dial"*-Tor besucht hatte, bevor er seine weltverändernde Theorie über die Gravitation und die Geschichte des Universums aufgestellt hat. Er wurde ein enger Freund der Einwohner von Settle, die alle brillante Mathematiker waren.

Newton gilt insgeheim als letzter großer Magier und man weiß jetzt, dass er sich auf hermetische Weise seiner Weltsicht annäherte, einer Sicht, in der sich Wissenschaft und Okkultismus überlappten. Aber es gab welche in seiner Umgebung und auch nach seinem Tod, die sicherstellten, dass man sich seiner nicht als Mitglied einer „Zauberschule" erinnern würde.

Im Jahr 1727, nur zwei Wochen vor seinem Tod, verbrannte Isaac Newton Unmengen seiner eigenen Aufzeichnungen. Was stand auf diesen Papieren? Nachdem er die meiste Zeit seines Lebens damit verbracht hatte, die alte Kunst der Alchemie und den Bibelcode zu studieren und außerdem versucht hatte, die Apokalypse vorherzusagen, hat er dabei möglicherweise etwas entdeckt, für das die Welt noch nicht bereit war?

Nachdem der Autor realisiert hatte, dass er ein uraltes Geheimnis wiederentdeckt hatte, beendete er seine Suche und nutzte seine eigenen Fähigkeiten der Kommunikation mit dem Übersinnlichen, um mit den Besuchern des Portals in geistigen Kontakt zu treten. Er hat fotografische Beweise für die Existenz des Sternentors von Settle und eine Nachricht von „Drüben" erhalten, die jeden von uns in naher Zukunft betrifft...

Diese Geschichte ist wahr, jedoch werden Sie sie kaum glauben können. Die Kräfte, die tatsächlich existieren, haben es in den vergangenen Tausenden von Jahren zu schätzen gewusst, dass wir ihre Anwesenheit lieber ignorieren.

Ein wichtiger Hinweis des Autors vorab:

Bevor Sie den Rest des Buches lesen, fühle ich mich dazu verpflichtet, Ihnen bewusst zu machen, dass meiner eigenen Erfahrung nach Kräfte außerhalb der menschlichen Kontrolle immer wieder diejenigen abhalten, korrumpieren und angreifen, die auf dem Pfad der Suche nach der Wahrheit sind. Diese Kräfte sind Projektionen von menschlichen Geistern innerhalb unserer Wirklichkeit, die jedoch außerhalb unserer Realität existieren, von wo aus sie die Anstrengungen der Suchenden in einer negativen und wenig hilfreichen Art und Weise zu beeinflussen versuchen. Dies tun sie aus verschiedenen Gründen, aber meiner Erfahrung nach hauptsächlich deshalb, um das ultimative Geheimnis zu bewahren – und zwar koste es, was es wolle. Dieses Geheimnis war ziemlich bekannt, als die Geister in ihrer Inkarnation auf der Erde lebten und der Geheimhaltungspakt, den sie damals mit Gleichgesinnten abschlossen, existiert immer noch, sogar im Leben nach dem Tod.

Dieses Geheimnis dreht sich um das Wissen, das diese Gruppe seit Tausenden von Jahren unter Verschluss hält und das bis vor kurzer Zeit völlig von der Öffentlichkeit ferngehalten worden ist. Da jetzt immer mehr Menschen erwachen und realisieren, wer und was sie wirklich sind (spirituelle Wesen), hängen sich diese negativen Energien immer enger an unsere Welt und behindern den Fortschritt der Menschheit, wo sie nur können. Sie wissen, dass das, was sie da tun, völlig sinnlos ist und die Wahrheit zur rechten Zeit ans Licht kommen wird. Aber bis dahin müssen sie ihre Rolle in dieser Sache spielen – und durch ihre negative Beteiligung daran wird es den Wahrheitssuchenden erst ermöglicht, sich weiterzuentwickeln. Das scheint widersprüchlich zu klingen, aber ohne diesen Aufruhr, den sie veranstalten, hätten wir nichts, an dem wir unsere Bemühungen messen könnten.

Dies zu wissen und darüber zu diskutieren ist die eine Sache, es am eigenen Leib zu erleben, eine ganz andere! Ich weiß, dass das wahr ist, denn ich wurde tatsächlich in den Herbstmonaten 2011 verflucht, während ich im Rahmen der Feldforschung für dieses Buch unterwegs war. Ich wurde hinters Licht geführt, davon abgehalten und verbal und psychisch angegriffen. Das Ergebnis war, dass ich innerhalb von zwei Monaten ernsthaft krank wurde und unfähig war meine Untersuchungen fortzuführen. Nachdem ich die letzten Jahrzehnte ohne jede schwere Krankheit zugebracht hatte, war diese plötzliche schwere Erkrankung ein Schock für mich und es dauerte volle acht Monate bis ich wieder zum normalen Alltag zurückkehren konnte.

In meinem vorangegangenen Buch „Der Steinkreis und das Schwert" schrieb ich über die Realität von Höheren Wesen, die mit den Wahrheitssuchenden auf diesem Planeten interagieren. Sie benutzen interdimensionale Eingänge, um in unsere Realität einzutreten und zwar an den heiligen Stätten, die wir Portale oder Sternentore nennen. Ich habe Erfahrungen mit der direkten Kommunikation mit einem solchen himmlischen Wesen, das sich Sharlek nennt, das bedeutet „Weisheitsbringer". Und er ist mir mein ganzes Leben lang ein echter Freund gewesen. Er hilft mir dabei, verborgenes Wissen an die Menschen auf der ganzen Welt weiterzugeben und den wahren Ablauf der von uns veränderten Version der Menschheitsgeschichte aufzudecken. In spiritueller Hinsicht ist er mein Wächter. Wie ein Lichtengel beschützt er mich vor den negativen menschlichen Geistern, die aus selbstsüchtigen Gründen Gewalt über andere Menschen ausüben. Sie haben ihre Seelen verkauft als sie noch auf der Erde lebten, um Macht und Ruhm zu erhalten, aber dies war nur auf Kosten der unsichtbaren geistigen Freiheit möglich.

Die Himmlischen, wie Sharlek, haben schon oft weltverändernde Durchsagen an einige unseres berühmten Menschen gemacht und Hinweise und Vorschläge übermittelt. Das universelle Gesetz verbietet es ihnen, direkten Einfluss auf unsere Gedanken und Taten zu nehmen, aber sie können uns Ratschläge zukommen lassen, die wir dann umsetzen können oder auch nicht. Und eine solche berühmte Person war Sir Isaac Newton.

Doch wenn Sharlek so fürsorglich den Menschen gegenüber auftritt, warum musste ich dann die durch den Fluch hervorgerufene Krankheit erleiden? Ich würde sagen, dass das was passiert ist, also der Fluch, das Leid, nur deshalb zugelassen worden ist, damit ich verstehen konnte, wie groß und wichtig diese Wahrheitssuche bezüglich der Sonnenuhr von Settle wirklich ist.

Man könnte sagen, dass ich in der Vergangenheit ein zauberhaftes Leben geführt habe aufgrund der Tatsache, dass ich von einer Höheren Energie beschützt wurde. Doch jetzt kamen die Hüter des Wissens und durchbrachen meinen Schutzschild. Ihr Wissen, richtig oder falsch, machte sie psychisch sehr stark und ermöglichte es ihnen daher, mich anzugreifen. Und diese Gruppe hatte nur wenig Achtung vor der Unversehrtheit des Einzelnen, denn es ging ihnen darum, um jeden Preis ihr Wissen geheim zu halten.

Während ich dies niederschreibe ist es April 2012 und ich habe mich wieder auf die Suche gemacht. Ich fürchte mich nicht vor weiteren Angriffen, obwohl ich weiß, dass es möglicherweise noch welche geben wird bevor ich die ganze Sache öffentlich machen kann. Ich habe mich dazu entschlossen, meine Schutzschilde noch eine Weile unten zu halten, um das Schwert der Wahrheit zu ergreifen und seine psychische Stärke kennenzulernen. Denn jetzt werde ICH angreifen. Ich habe den ersten vieler Kämpfe überlebt und ich weiß, dass ich weiterhin auf dem Pfad der Enthüllung geführt werde. Diese Geister, die mich angegriffen haben, wissen das und ich spüre, dass das Jahr 2012 schließlich eine weitere Möglichkeit der spirituellen Erweckung der Menschheit bringt. Am Ende wird ihr großes Geheimnis überall auf der Welt bekannt sein und wir werden endlich unseren Platz in der großen universellen Familie geistiger Wesen einnehmen.

Viel von dem Wissen, das ich Ihnen in diesem Buch übermittle, wurde mir von meinem Beschützer und Führer Sharlek zugänglich gemacht. Andere wie er sind bereit allen Wahrheitssuchenden zu helfen, die sich auf ihre eigene Suche begeben wollen – zugunsten aller Lebewesen.

Bitte lesen Sie weiter in dem Wissen und Verständnis, dass sie von denjenigen beschützt werden, die uns alle lieben und sich um jeden von uns kümmern. Wenn Sie böse Absichten haben und sich das Wissen dieses Buches aus persönlicher Profitgier aneignen wollen oder um das zu verderben, was hier geschrieben steht, dann sollten Sie wissen, dass dies auf Sie zurückfallen wird und Sie die Folgen in diesem und weiteren Leben mit sich tragen müssen.

Suchen Sie die Wahrheit und sie wird Sie befreien.

'And so with diligent hands and good intent we set down our Dial on the earth. We wish it may resemble that instrument in its celebrated happiness, that of measuring no hours but those of sunshine. Let it be one cheerful rational voice amidst the din of mourners and polemics.

Or to abide by our chosen image, let it be such a Dial, not as the dead face of a clock, hardly even such as the Gnomon in a garden, but rather such a Dial as is the Garden itself, in whose leaves and flowers the suddenly awakened sleeper is instantly apprised not what part of dead time, but what state of life and growth is now arrived and arriving.'

Ralph Waldo Emerson (May 25, 1803 – April 27, 1882)

1 Das Verstecken der Sonnenuhr in der Geschichte

„Der Gipfel des Castleberg formte einst den Zeiger einer groben aber großartigen Sonnenuhr, deren Schatten über einige graue, einzeln stehenden Steine strich, die den Einwohnern der darunter liegenden Stadt das Verstreichen der Zeit anzeigte." Dr. Whittaker – The History of Craven 1805.

Settle schmiegt sich in das malerische Tal des Flusses Ribble, ungefähr 25 Meilen nördlich von Skipton in den Yorkshire Dales. Die Stadt ist altertümlich hübsch und scheint in der Zeit stehengeblieben zu sein. Das Leben läuft dort langsam und entspannt ab und die natürliche Schönheit der umgebenden Landschaft ist verblüffend. Die Häuser der Stadt passen kuschelig eingefügt in die gewundenen Straßen, die hinauf zu den dramatisch abfallenden Abhängen aus zerklüftetem Waldgebiet führen, über dem sich der große Fels genannt Castleberg majestätisch erhebt.

In Settle hat es in den letzten Jahrzenten keine gravierende Änderung gegeben, abgesehen davon, dass es zu einer Touristenattraktion in den Yorkshire Dales geworden ist, was der Settle-Carlisle Eisenbahnstrecke zu verdanken ist. Tausende von Besuchern schlendern jedes Jahr in den Sommermonaten durch die Straßen von Settle und sind sich dem großen Geheimnis gar nicht bewusst, das über der Stadt hängt. Ein Geheimnis, das Jahrhunderte alt ist aber für das es nur sehr wenig historische Beweise gibt, das jedoch vor vierhundert Jahren wieder aufgetaucht ist. Ein Teil der umliegenden Landschaft ist verschwunden und mit ihr wurde eine Verschwörung geboren, die zum Ziel hatte, jegliches Wissen über dieses Geheimnis von der Öffentlichkeit fernzuhalten.

Die meisten Menschen, die in England leben, werden den Namen „Stonehenge" schon einmal gehört haben und werden wissen, um was es sich bei dem großen megalithischen Monument handelt. Der Aufbau ist sehr beeindruckend, wie es da so in der Ebene von Salisbury in Wiltshire steht. Der gewohnte Anblick ist Teil der Landschaft geworden und würde schmerzlich vermisst werden, wenn er plötzlich aus irgendeinem Grund fehlen würde. Tatsächlich würde dies einen nationalen Aufschrei verursachen, sollte so etwas jemals geschehen.

Lassen Sie uns für einen Moment annehmen, dass Stonehenge mitsamt allen sichtbaren Elementen der Anlage innerhalb von 24 Stunden ohne jeglichen erklärbaren Grund verschwinden würde. Und niemand sieht die großen Monolithe im Äther verschwinden, niemand hört eine Bewegung, niemand spekuliert darüber, wie oder warum dies passiert, niemand fragt nach, warum es passiert ist und alles was mit der vorangegangenen Existenz von Stonehenge in Zusammenhang steht, wird einfach ignoriert.

Das wäre wirklich ziemlich seltsam und bei der geringen Wahrscheinlichkeit können wir praktisch sicher sagen, dass das nie passieren wird. Wir könnten uns nicht einmal vorstellen, wie so etwas geschehen könnte, denn mit Sicherheit würde es Leute geben, die davon wissen und die für das Verschwinden verantwortlich wären. Da gibt es jedoch ein kleines Problem, denn in diesem Buch behaupte ich, dass etwas Ähnliches geschehen ist und etwas genauso Altes und Monumentales wie Stonehenge tatsächlich in Settle verschwunden ist!

Was wie reine Einbildung klingt, wurde zur historischen Tatsache, als einige gigantische Megalithblöcke innerhalb nur eines Jahres zwischen 1778 und 1779 einfach verschwunden sind. Die Einheimischen von Settle haben diese Steine als die „Sonnenuhr" bezeichnet, die sich über die Hügel von Castleberg erhebt.

Der Castleberg Fels erhebt sich ca. 210 ft über die Stadt und ist vermutlich die größte natürliche Formation dieser Region. Es wäre unmöglich, Settle zu besuchen und diesen massiven Felsen nicht zu bemerken, der sich so imposant dort erhebt. Der Lokalhistoriker Thomas Brayshaw (der 1931 verstarb) schrieb im Jahr 1880 über den Castleberg:

„Zwei wichtige Erscheinungen von Settle verursachten zu Beginn des 18. Jahrhunderts gewisse Probleme – das schöne alte Gebäude, das „The Folly" genannt wurde und die seltsame Sonnenuhr auf dem Castleberg, bestens bekannt durch Buck & Feary's ungenaue Gravur. In beiden Fällen gab es große Informationslücken und alles was wir tun können, ist die einzelnen Bruchstücke der Informationen zu betrachten und sie so gut wir können zusammen zu setzen."

Brayshaw erwähnt hier zwei interessante Fakten. Die eine betrifft das rätselhafte Gebäude genannt „The Folly" (über das wir später berichten) und das andere Buck & Feary's ungenaue Gravur der Sonnenuhr. Fraglos ist Brayshaw nicht ganz glücklich mit der Art und Weise wie die vorangegangenen Historiker mit diesen Dingen umgegangen sind – und es scheint, dass die Beschreibung dessen über Generationen weitergegeben wurde, um sie als etwas zu schützen, was sie gar nicht sind.

Uns wird in Brayshaws Geschichte ein neuer Einblick in die Tatsache gezeigt, dass die Sonnenuhr etwas ganz anderes gewesen sein könnte als das, was man den Leuten in der Region erzählt hat und das ist wie eine Nadel im Heuhaufen, da es relativ wenige gute historische Hinweise auf die Sonnenuhr gibt. Wir können nicht ausmachen, wo die Sonnenuhr damals gestanden hat, da sie heute nicht mehr existiert. Dies ist ziemlich seltsam, da sie mindestens genauso berühmt war wie Stonehenge und zwar sowohl für die Leute, die dort lebten als auch die, die extra nach Settle reisten, um sie zu sehen, bevor sie 1779 plötzlich verschwand. Warum sollte eine solch herausragende Erscheinung in den geschichtlichen Aufzeichnungen plötzlich verloren gehen? Das ergibt keinen Sinn.

Auch wenn wir wenig über die Sonnenuhr wissen, so können wir doch sicher sein, dass ein Bauwerk, genannt „The Sun Dial" einst auf den Hügeln des Castlebergs existiert hat und diese Information wird in zwei unabhängigen zuverlässigen Quellen bestätigt.

Die erste kommt von Samuel Buck's Zeichnung, die er 1720 gemacht hat. Diese zeigt fünf große, flache Steine, markiert mit den Nummern VIII bis XII, die unterhalb des westlichen Hügels des heutigen Castlebergs liegen. Der Schatten des früheren Stundenzeigers mag an einem sonnigen Morgen ungefähr die Stunde auf den flachen Steinen angezeigt haben, wie in seiner Zeichnung dargestellt.

Uns wird erzählt, dass Buck seine Zeichnung vor Ort angefertigt hat und dass er unmöglich diese Steine der Sonnenuhr aus der Erinnerung gezeichnet hat. Aber können wir uns dessen sicher sein?

Die andere Informationsquelle über die Sonnenuhr von Settle sind die Briefe des Bischofs Pococke, der Settle auf einer Reise durch Yorkshire 1750 besucht hat. Am 8. August 1750 schrieb er in Wentworth House folgendes:

„Ein Stückchen weiter kamen wir zu dem sehr ansprechenden Dorf namens Giggleswick, nach der Überquerung des Ribble kamen wir nach einer Viertelmeile nach Settle, einer kleinen Stadt, die am Fuße eines hohen, felsigen Hügels liegt, an dessen flacherem Ende vier Steine liegen, die der Gegend 3 bis 4 Meilen süd-

lich davon als Sonnenuhr dienen, da die morgendlichen Schatten ihnen die Zeit von 9 bis 12 anzeigt.“

Gleich zu Beginn sehen wir die Diskrepanz zwischen den beiden Berichten, die vielleicht auf die dazwischenliegenden 30 Jahre zurückzuführen ist oder auch auf die Art und Weise wie die Menschen und die Zeit die Landschaft verändert haben.

In Bucks Zeichnung finden sich fünf Steine während Pococke nur vier erwähnt. Vielleicht war zu der Zeit, als Pococke Settle besucht hat, ein Stein weggenommen worden? Auf alle Fälle beschreiben beide mit Sicherheit dasselbe Bauwerk und dieselbe Position der Sonnenuhr in den Hügeln von Castleberg. Das früheste Datum, das wir als Beweis für das Vorhandensein der Sonnenuhr in Settle finden konnten, ist 1720. Wir wissen außerdem, dass 1779 die Sonnenuhr verschwunden ist und von den Einwohnern praktisch vergessen wurde, wenn wir der Bemerkung von Brayshaw Glauben schenken dürfen. Brayshaw hat in seinen Notizen über seine eigenen Nachforschungen im 19. Jahrhundert noch ein paar weitere Diskrepanzen gefunden:

„In einem Stich von 1779 sind die Steine am Südhang des Castlebergs platziert und ein Schatten von einem erfundenen Hügel in Richtung Süden ist zwischen den Zahlen VIII und XI dargestellt, um es realistischer aussehen zu lassen. Der fünfte Stein, ursprünglich mit VIII bezeichnet, wurde so niedrig in den Hügel gezeichnet (in diesem Stich), dass er aus vielen Blickwinkeln beinahe unsichtbar wirkt.“

Dann spannt er uns weiter auf die Folter mit dem Hinweis, dass etwas nicht in Ordnung ist, mit der Art und Weise wie Buck & Feary die Sonnenuhr dargestellt haben, und er spekuliert über die wahre Natur des Bauwerks, die eine ganz andere war:

„Da in dem Jahr Rev. John Hutton auf seiner Reise durch Settle kam und obwohl er in seinem Tagebuch viel über den Castleberg zu sagen hatte und über den dortigen Kalksteinabbau, erwähnt er weder die Sonnenuhr noch irgendeinen Hinweis auf etwas, das damit in Zusammenhang steht.“

Könnte Brayshaw in einer verschlüsselten Art darauf hinweisen wollen, dass mit der Sonnenuhr gar nicht die vier markierten Steine gemeint waren, die Buck & Feary in ihrer Zeichnung und ihrem Stich dargestellt hatten?

15

Abb. 1: Die sehr außergewöhnliche Sonnenuhr, die dem Marktplatz von Settle, im Westen von Yorkshire, zugewandt ist auf einem Kupferstich, der von Buck & Feary am 18. Mai 1778 veröffentlicht wurde.

Um es einmal kurz zusammenzufassen: wir wissen, dass die Sonnenuhr ungefähr seit 1720 existiert und den Einwohnern von Settle bekannt war. Und wir haben unabhängige Berichte aus etwa der Zeit um 1750. Kurz nach diesem Datum müssen die Steine weggeschafft worden sein und innerhalb kürzester Zeit waren alle Erinnerungen an die Sonnenuhr vergessen oder wurden zumindest vergessen aufzuschreiben bis 1779. Hinsichtlich des tatsächlichen Alters der Sonnenuhr erfahren wir aus den historischen Quellen nichts. Es könnte in den frühen Jahren um 1700 konstruiert worden sein oder könnte es sogar noch viel älter sein? Es ist möglich, dass mehrere natürliche Felsbrocken für die Sonnenuhr-Struktur verantwortlich waren und dass diese möglicherweise zu einem späteren Zeitpunkt erst mit römischen Ziffern dekoriert worden sind. Aber auch wenn das so ist, wohin sind die Felsen verschwunden? Es gibt auch ein großes Problem bei dieser ganzen Theorie, nämlich die Größe dieser Felsen.

16

Uns wurde gesagt, dass die Steine der Sonnenuhr noch in einer Entfernung von 3 bis 4 Meilen von Settle gesehen werden konnten und die Bauern auf dem Feld (wiederum Anfang 1700) die Schatten aus dieser Entfernung ausmachen konnten. Wenn das der Fall ist, dann müssten die Felsen tatsächlich sehr groß gewesen sein, vielleicht so groß wie die Monolithe in Stonehenge. Darüber hinaus erfahren wir auch, dass der Stich von Buck & Feary eine ungenaue Darstellung der Sonnenuhr war. Es ist überliefert, dass die Einwohner von Settle betroffen waren als der Stich produziert worden war, weil sie sahen, dass er überhaupt nicht wie die Struktur aussah, die sie täglich vor Augen hatten. Dieser Stich muss um die Zeit herum produziert worden sein als Pläne für die Entfernung der Sonnenuhr gemacht wurden, denn die Einwohner stimmten darin überein, dass sie sich „an keine flachen Steine mit römischen Ziffern darauf" erinnern konnten, sondern an etwas völlig anderes!

Eine Gravur von etwas, das gar nicht da war?

Für die älteste Darstellung der Sonnenuhr von Settle wurde bis vor kurzem der Stich von Buck & Feary von 1778 gehalten (der möglicherweise aus Buck's erster Zeichnung übernommen worden war), aber es gab einen noch früheren Kandidaten: die Zeichnung in einer Landkarte, die John Coakley Lettsom (1744-1815) etwa im Jahr 1765 erstellt hat.

John C. Lettsom ist ein faszinierender Charakter und wird zum Mittelpunkt unseres Sonnenuhr-Mysteriums, wie wir später noch sehen werden. Die Karte, genannt *„Old Map of Settle Town"* zeigt verschiedene charakteristische Besonderheiten, die heute immer noch in Settle zu finden sind und scheint die Gegend exakt abzubilden, die Lettsom *„Upper Settle"* nannte. Diese besteht hauptsächlich aus älteren Teilen der Gemeinde in Richtung südliches Ende von Settle unter dem Castleberg und beinhaltet den Hauptteil der Siedlung der Quäker zur damaligen Zeit, einige öffentliche Gebäude, Namen von Ortsstraßen und Brücken usw.

Was ich besonders auffällig finde ist, wo diese Karte gefunden wurde: viele Meilen weit weg in einem Haus der Familie Darby in Ironbridge. Lettsom, der in derselben Quäkerschule in Penkeith unterrichtet worden und außerdem ein Freund der Familie Darby war, hat die besagte Karte an seinen Weggefährten geschickt.

In Westindien als Sohn von Sklavenhändlern geboren, wurde Lettsom nach England geschickt, wo sich die Familie Rawlinson aus Furness sich um ihn kümmern sollte. Als er 1761 die Schule verließ, lebte er in Settle wo er eine Ausbildung bei dem Chirurgen Abraham Sutcliffe machte, der in Sutcliffe House lebte, das heute ein *SPAR Shop* ist). Nach seiner Rückkehr aus Westindien studierte er Medizin in Leydon und wurde später selbst ein renommierter Chirurg in London.

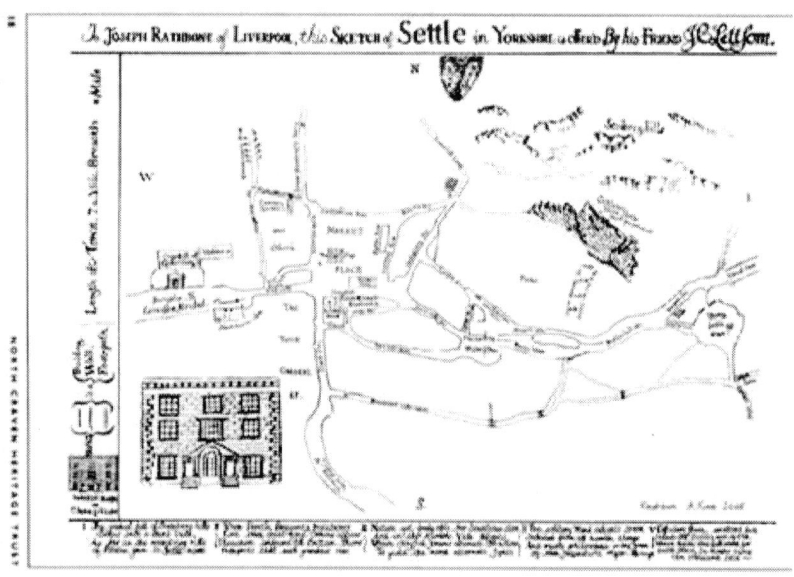

Abb. 2: Skizze von Settle, erstellt von J C Lettsom um 1765, als er in der Stadt residierte und die Position einer Aushilfe des Apothekers Abraham Sutcliffe besetzte. In der Mitte rechts sieht man den Castleberg Felsen und darunter die vier Steine der Sonnenuhr.

Es ist nur logisch anzunehmen, dass Lettsom während er in Settle arbeitete, die Familie Sutcliffe gut kennenlernte. Einige denken auch, dass die Karte ein Produkt seines umfangreichen Wissens über Upper Settle war, wo er lebte und arbeitete. William Sutcliffe, der Sohn von Abraham (Abe) Sutcliffe führte den guten medizinischen Ruf der Familie nach dem

Tod seines Vaters weiter und kannte Lettsom – er hat womöglich sogar eine Weile mit ihm zusammengearbeitet. Beiden war ein großes Interesse an der Flora und Fauna der Region gemein und man kommt nicht umhin, zu spekulieren, dass sie wohl über die Hügel des Castlebergs spaziert sind, wo sie seltene Kräuter für ihre medizinische Praxis katalogisiert haben. Genau wie Lettsom, wurde William Sutcliffe in ganz England als ein geschätzter Botaniker berühmt und beide schrieben sehr viel zu diesem Thema.

Lettsoms Karte mit dem Namen *„Für Joseph Rathbone aus Liverpool. Diese Zeichnung von Settle in Yorkshire wurde gezeichnet von Deinem Freund J.C. Lettsom"* zeigt sehr deutlich, dass sich die Sonnenuhr tatsächlich auf den Hügeln des Castlebergs befunden hat als er die Zeichnung aus eigener Erfahrung anfertigte. Auf der Karte zeigt er vier (nicht fünf) große Steine, die in einer Linie vom Gipfel liegen und diese sehen aus wie ein Hauptbestandteil der Landschaft um Settle zu seiner Zeit.

Ein faszinierender Akt des Verschwindens!

Es gibt genug bildhafte Beweise aus dem 18. Jahrhundert und später, die vermuten lassen, dass die Sonnenuhr, was auch immer ihre echte Form war, real war und einst auf den Hügeln des Castlebergs stand. Sie war mit Sicherheit den Einwohnern von Settle vor 1779 bekannt. Wir haben die Vermutung aufgestellt, dass die Sonnenuhr schon 1720 bekannt gewesen ist, aber wir wissen auch, dass der Stich von Buck & Feary nicht ihr wahres Aussehen von 1778 zeigt – und das nur ein Jahr bevor die Steine der Sonnenuhr aus bisher unerklärlichen Gründen verschollen gingen.

Der Stich der Sonnenuhr, den Buck & Feary so falsch gemacht hatte, wurde tatsächlich in Auftrag gegeben von der Englischen Regierung im Jahr 1778 und wurde vom Parlament im selben Jahr bestätigt. Als der Stich der Öffentlichkeit vorgeführt wurde, verursachte er große Entrüstung unter den Einwohnern von Settle, wie wir bereits erklärt haben. Sie bestanden darauf, dass die echten Steine der Sonnenuhr viel älter aussahen und nicht flach waren. Sie waren nicht einmal sicher, ob die Steine von Menschen gemacht waren oder ob es sich um prähistorische natürliche Felsbrocken handelte.

Was auch immer diese Steine waren, die Einwohner wussten, dass diese offizielle Darstellung völlig falsch war. Niemand weiß, was als nächstes passierte, aber wir wissen, dass keine andere Darstellung angefertigt wurde, um die von Buck & Feary zu ersetzen, was ziemlich seltsam erscheint. Tatsächlich setzte sich im Laufe der Zeit die falsche Darstellung in den Erinnerungen der Menschen fest und künftige Nachkommen der Zweifler glaubten, Generation um Generation, dass diese Darstellung das echte Aussehen der längst vergessenen Sonnenuhr zeigte. Das wahre Aussehen der Sonnenuhr war für die Geschichte verloren gegangen.

Selbstverständlich hätte sich niemals so etwas abspielen können, wenn die echte Sonnenuhr nie von ihrer Stelle in den Hügeln des Castlebergs entfernt worden wäre. Vielleicht hatten die Verantwortlichen handeln müssen, nachdem sich die Bevölkerung über die falsche Darstellung so aufgeregt hatte? Und diejenigen, die nicht wollten, dass die Wahrheit hinter dem Bauwerk herauskam, sorgten dafür, dass niemand sich an ihre Struktur erinnerte und kein Stein als Beweis dafür stehen blieb, dass die Sonnenuhr jemals existiert hatte.

Als wenn es nicht schon schlimm genug wäre, dass man die Leute mit einer Version „ihrer" Sonnenuhr abspeiste, die überhaupt nicht existierte, und diese dann auch noch hatte vor ihren Augen verschwinden lassen, nein, noch erstaunlicher ist es, dass auch keinerlei Aufzeichnungen irgendwo zu finden sind, die uns zeigen wie oder warum das alles passiert ist und wer daran beteiligt war, Steine dieser beträchtlichen Größe wegzuschaffen, ohne dass irgend jemand etwas davon erfuhr!

Es muss sich dabei ebenfalls um Reisende gehandelt haben, die das Verschwinden der Megalithischen Bauten bemerkt hatten. Warum gibt es keine offiziellen Aufzeichnungen über das Entfernen der Sonnenuhr? Schließlich muss es von beträchtlicher Wichtigkeit gewesen sein, dass sie zunächst falsch abgebildet worden war?

Brayshaw schreibt:

„Der Stich von Buck & Feary wurde 1778 veröffentlicht, aber wir haben Beweise dafür, dass die Sonnenuhr 1779 verschwunden ist und praktisch in Vergessenheit geriet."

2 Die Megalithstruktur

Falls Sie einmal Settle besuchen sollten, tun Sie mir doch bitte einen Gefallen und fragen Sie einen von den heutigen Einwohnern nach der Sonnenuhr. Ich wette, dass die meisten, wenn nicht alle, antworten werden, dass es eine alte Inschrift war, die damals auf der Spitze des Castlebergs als Sonnenuhr gedient hat – oder etwas in dieser Richtung.

Das ist die heutige Vermutung: dass die Sonnenuhr, die schon lange verloren gegangen und von den meisten längst vergessen ist, eine Art alte Vorrichtung war, die man in die Oberseite der Felsen eingraviert hatte, die über der Stadt stehen. Sogar gelernte Historiker werden Ihnen sagen, dass die Sonnenuhr so ausgesehen hat. Trotzdem, fürchte ich, ist das falsch.

Diese irrige Meinung kommt davon, weil die Menschen sich nur an das erinnern, was ihnen erzählt wurde und was sie gelesen haben. Sie wiederholen immer wieder über Generationen hinweg diese Dinge und dadurch wird aus der Einbildung plötzlich Tatsache. Ich denke, dieser Glaube an das, was über die Sonnenuhr gesagt wurde, kommt hauptsächlich von dem, was Dr. Whitaker in seinem Werk *„History of Craven"* über die Sonnenuhr geschrieben hat.

Dort beschreibt er, dass sie in Zusammenhang steht mit dem Gipfel von Castleberg (d.h. dem massiven Fels), der eine Art natürlichen Sonnenuhrzeiger abgegeben hat. Dies hat zusammen mit anderen Modeerscheinungen des 18. Jahrhundert gemischt mit echten Sonnenuhren aus Westeuropa (wie die *Analemmatic Sonnenuhr*, die einen Schatten auf eine horizontale Oberfläche – wie den Boden – wirft der sich im Uhrzeigersinn dreht) dazu geführt, dass die heutigen Autoritäten versehentlich davon ausgehen, dass die Sonnenuhr von Settle eine einzigartige feststehende Struktur hatte.

Was mich aber weit mehr beunruhigt als diese falschen Erinnerungen oder Vermutungen, die sich auf falschen Ausgangspunkten begründen, ist die enorme Größe der Sonnenuhr, die sie gehabt haben muss, da man sie ja angeblich meilenweit sehen konnte! Lassen Sie uns nochmal einen Blick auf Dr. Whitakers Beschreibung der Sonnenuhr werfen.

Wir sehen, dass er die einzelnen Steine beschreibt als groß, grau und einzeln stehend. Diese Bezeichnung wurde häufig benutzt, um megalithische Steine zu beschreiben, die man um diese Zeit herum finden konnte, als er seine Funde beschrieb und man findet diese Art von Steinen in druidischen Steinkreisen, wo sie *„Self-Stones"* genannt werden oder auch *„Greystones"* (graue Steine).

Der Gedanke, dass die historischen Steinkreise mit der Zeit- und Jahreszeitmessung zusammenhängen, die bereits die frühen Menschen vorgenommen haben, verbindet die Sonnenuhr von Settle sogar noch mehr mit einem megalithischen Ursprung und es gibt sogar Beweise von anderen Steinkreisen und einzeln stehenden Steinen in der näheren Umgebung.

Ein großartiger Steinkreis stand einst auf Cleatop im Süden von Settle, aber er wurde zu Beginn der viktorianischen Zeit zerstört und hat nur wenige Spuren hinterlassen. Wir wissen, dass die Steine vom *„Cleatop Circle"* enorm groß waren und es wurde behauptet, dass Reisende diese Steine bereits von einer Entfernung über mehrere Meilen hinweg sehen konnten.

Dieser Kreis muss eine hervorstechende landschaftliche Sehenswürdigkeit gewesen sein, die man bereits am Horizont sehen konnte.

Während der religiösen Reformationen gegen Ende des 18. Jahrhunderts wurden viele alte heidnische Stätten (inklusive den stehenden Steinen und der Steinkreise) entweder zerstört oder in andere Gebäude eingebaut oder in Grenzwälle integriert. Viele Steinkreise des Moorlandes wurden genommen, um Schafspferche zu bauen. Durch den „Gebrauch" dieser alten historischen Bauten passierten gleich zwei Dinge: erstens wurden dadurch diese heiligen heidnischen Plätze aus der Erinnerung der Bevölkerung gelöscht (was durch die Christianisierung beabsichtigt war, da Heiden gleichbedeutend mit dem Teufel und allem Bösen in der Welt waren) und zweitens konnte der Vorrat an fertigen Steinen mit weniger Aufwand verwendet werden als wenn man diese zuerst aus dem Steinbruch hätte holen müssen. Ironischer weise befinden sich dadurch viele Fundament-Steine „des Teufels" in christlichen Kirchen.

Abb. 3: Säulen von megalithischen Stehenden Steinen wie die, die man in Schottland findet, sind in Great Britain nicht ungewöhnlich. Sie wurden in den Jahren um 1600 als heidnische Symbole angesehen und oft mit Hexenkraft assoziiert. Diese Steine standen seit Anbeginn der Zeit mit der Sonnenanbetung in Verbindung und wurden an den Heiligen Stätten in die Landschaft eingearbeitet. Der Autor vermutet, dass ähnliche schattenwerfende Steine die echten Komponenten der Sonnenuhr von Settle waren, aber aus der Region verbannt wurden, um ihre heidnischen Verbindungen zu verstecken. Foto: Nigel Mortimer

Wenn wir berücksichtigen, was Bishop Pococke 1750 geschrieben hat: *„diente als Sonnenuhr, die man 3 -4 Meilen südlich sehen konnte..."* dann deutet diese Aussage allein schon auf etwas hin, was eine monumentale Größe besessen hat und es ist klar, dass flache Steine niemals einen Schatten von mehreren Metern hätten werfen können, auch nicht über eine Meile ohne Unterbrechung bis hin zu Giggleswick und weiter. Entweder hat sich der Bischof geirrt oder er wurde falsch verstanden bei dem was er

23

tatsächlich über die Sonnenuhr gesagt hatte. Vielleicht ist seine Version verändert worden, um zur späteren Version der Darstellung der Sonnenuhr durch Buck & Feary zu passen? Vielleicht meinte er, dass die Steine der Sonnenuhr selbst aus einer Entfernung von 3 oder 4 Meilen gesehen werden konnten, aber das würde ja auch bedeuten, dass es sich dabei um große und massive Steine gehandelt haben müsste. Wir werden es wohl nie klären können, aber es gibt große Stehende Steine in der Region um Settle, die aus alter Zeit übrig geblieben sind. Zum Beispiel die Felsplatte an der Außenseite des Portals der *Alkelda-Kirche* in Giggleswick.

Dieser uralte Stein wurde zu einem späteren Zeitpunkt behauen und man sieht noch die verblassten Darstellungen eines doppelten Kreuzes, eines Speers, eines Schwertes und eines Kelchs. Dieser Stein wurde für sehr alt gehalten als Miss Sutcliffe eine genaue Zeichnung davon im Jahr 1760 angefertigt hat und es wurde sogar vermutet, dass es sich dabei um einen Grabstein eines berühmten Tempelritters aus der Gegend gehandelt haben könnte.

Wir müssen jetzt zwei Überlegungen anstellen aufgrund dessen, was wir über diese „Self-Stones" wissen:

1. Möglichkeit: Es gab vier (oder fünf oder mehr?) flache Steine oder Felsbrocken, in die die römischen Ziffern eingemeißelt waren, um die Uhrzeit anzuzeigen. In dem Fall hätte man die Entfernung oder Größe des entstandenen Schattens im besten Fall in „feet" messen können. Zum Beispiel: Flacher Stein 4 ft breit x 1 ft hoch = 2 ft Schattenlänge

2. Möglichkeit: es gab vier (oder mehr) aufrecht stehende Steine, die in gleichmäßigen Abständen am südlichen Berghang abwärts platziert worden sind. Wenn jeder Stein 4 ft breit und 20 ft hoch gewesen wäre, hätte er einen Schatten von 32 ft Länge geworfen.

Hier können wir sehr schnell ein Problem erkennen. Wir würden riesige Steine brauchen, um einen ununterbrochenen Schatten bis hin zu einer Meile zu werfen – und tatsächlich haben wir auf der ganzen Welt keine historischen megalithischen Steine, die diesen Erwartungen gerecht werden. Wenn wir uns die verschiedenen Arten von stehenden Steinen in den Steinkreisen von England ansehen, sehen wir, dass es in den meisten Gruppierungen eine durchschnittliche Größe der Steine gibt. Zum Beispiel sind die meisten Megalithen in Yorkshire zwischen 4 und 5 Fuß groß, mit einigen Ausnahmen wie denjenigen, die auf dem Friedhof von Rudstone, North Yorkshire, gefunden wurde, die beträchtlich größer sind.

Wenn wir uns Lettsoms Landkarte anschauen, ist es ganz offensichtlich, dass die Struktur der Sonnenuhr komplett getrennt ist vom Castleberg Felsen, auf dem sie dargestellt in die Karte eingetragen wurde. Und sie sieht aus wie eine Reihe großer Steine am südwestlichen Berghang. Es sind tatsächlich „Self-Stones", die zeigen, dass sie nicht Teil von irgendetwas anderem sind. Ich nehme an, dass Lettsom uns hier eine genaue Darstellung der Sonnenuhr gegeben hat, anders als die falsche, die Buck & Feary – wie wir jetzt wissen – gemacht haben und die einfach nicht existiert hat, da niemand einen zusätzlichen Berg in der Landschaft kannte. Es bleibt die Frage, ob dies alles aus dem Grund gemacht wurde, um jemanden an der Nase herumzuführen, der versucht hat, die Erinnerung an die tatsächliche Sonnenuhr lebendig zu erhalten? Oder war es nur ein Fall von künstlerischer Freiheit, der massiv fehlgeschlagen ist?

Angenommen, dass der Stich von Buck & Feary von der Regierung in Auftrag gegeben wurde, nur ein Jahr bevor die Steine plötzlich verschwunden sind, kommen wir nicht umhin, uns über das Timing dieser Sache zu wundern. War es reiner Zufall oder gab es einen guten Grund für diejenigen, die an der Macht waren und die etwas „wussten" um die Tatsachen zu vertuschen und den späteren Generationen nur eine manipulierte Version der Realität weiterzugeben?

Die Schatten des Zweifels

Der größte Stein im Steinkreis *Castle Rigg*, Cumbria, nordwestlich von Settle, konnte einen Schatten werfen, der sich an der Sommersonnenwende bis zu einer halben Meile hin erstreckte. Dies ist eine beachtliche Strecke und der Stein ist weniger als 3 Meter hoch, also wie konnte er das schaffen? Mysterienforscher John Glover hat folgende bemerkenswerte Beobachtung gemacht:

Erstaunlicherweise haben die (megalithischen?) Erbauer sich eine weitere natürliche Eigenart entlang der Baulinie zunutze gemacht und zwar die simple Tatsache, dass sich der Berghang sanft von den Steinen weg in Richtung Candlemas neigt. Beim Sonnenaufgang zur Sommersonnenwende erscheint die

Sonne in einem Winkel, der von den großen Steinen in einer Linie mit dem Berg-
rücken von Latrigg im Westen gebildet wird. Der exakte Punkt des Sonnenauf-
gangs erscheint markiert von den Hügeln auf diesem Bergrücken. Augenschein-
lich ist die Länge des Schattens das Resultat seiner Höhe und der natürlichen
Berghänge des Landes."

Hier haben wir einen wichtigen Hinweis, dass es sich nicht um die
Größe des Steines handelt, die für die Länge des Schattens verantwortlich
ist (im Fall der Sonnenuhr von Settle wurde behauptet, dass er 3 bis 4
Meilen lang war, aber da hat wohl jemand übertrieben!), sondern der
Formation der hügeligen Landschaft, auf der die Steine stehen.

Wir wissen dass der Castleberg sich mit einem Winkel von 45° bis zum
Gipfel erstreckt, was ziemlich steil ist, und der Hang des Castlebergs ist
terrassenförmig aufgebaut. Könnte dieser Aufbau es einer Reihe von stehenden Steinen ermöglichen (um des Arguments willen nehmen wir an,
sie wären 10 ft groß), um einen Schatten zu werfen, der sich bis zu über
die Stufen des Castlebergs hinunter ausdehnt?

Jede Terrasse ist ungefähr 400 Yards lang. Dies würde es der Gemeinde darunter ermöglichen, den Schatten zu sehen, ebenso der Ansammlung von Gebäuden, die im frühen 18. Jahrhundert Upper Settle bildeten.
Es gibt heute noch Beweise dafür, dass vier oder fünf Terrassen den Berghang gebildet haben. Daher scheint es nur logisch, dass die Steine, die
man auf die flachen Terrassen gestellt hat jeweils einen Schatten auf sie
geworfen haben. Abhängig von der unterschiedlichen Höhe der Steine,
der Tages- und Jahreszeit sowie den vorherrschenden Wetterkonditionen
wäre es möglich gewesen, die verschieden langen Schatten auf dem Boden hinter den Steinen zu beobachten. Heute ist das unmöglich aufgrund
des Waldgebietes, das sich auf demselben Boden entwickelt hat.

War die Sonnenuhr von Settle einfach nur ein Werkzeug, das die Menschen der Jungsteinzeit benutzt haben, um die Tageszeit festzustellen
oder handelte es sich um etwas ganz anderes, was aber optisch ähnlich
aussah und dessen wirklichen Sinn niemand auf den ersten Blick erkennen konnte?

Alexander Thom, der Untersuchungen der astronomischen Verbindungen und Maße von Megalithbauten gemacht hat, glaubt, dass *„die*
Erbauer der megalithischen Bauten ganz klar keine Ritualplätze gebaut haben

und auch nicht nur Observatorien, sondern sie haben offensichtlich versucht etwas auszudrücken, zu kontrollieren oder mit etwas zu vergleichen. Hinter der gesamten Konstruktion liegt eine Art Kosmologie." Sogar wenn wir diese Megalithen einfach als Tempel betrachten (das Wort Tempel – tempus (Zeit) – templum (heiliger Raum)), dann sagte schon Keith Kritchlow in den 1970er Jahren, dass *„der Tempel da ist, wo sich die äußeren und inneren Achsen des Universums treffen. Der Steinring stellt den heiligen Platz dar, wo sich die beiden Seiten der Schöpfung begegnen."*

Abb. 4: Der Schatten, den der größte Stein des Steinkreises von Castle Rigg Circle, Cumbria, wirft. Quelle: The Ley Hunters Companion - Thames & Hudson.

Über ganz Yorkshire verteilt finden wir Beispiele von Steinkreis-Tempeln und ich habe während den 1980er und 90er Jahren ausgiebig an einigen dieser Stätten im Ilkley Moor gearbeitet. Der beeindruckendste Steinkreis, den man dort findet wird *„Twelve Apostles"* genannt und überblickt von seinem Standort aus das Wharfe Valley bis zu Nidderdale in North Yorkshire. Ilkley Moor ist das Zentrum einer großen Region, die *„Rombalds Moor"* heißt welches selbst nur 6 Quadratmeilen groß ist und von den Städten Ilkley, Bingley, Keighley, Shipley usw. begrenzt wird.

Ist es reiner Zufall, dass alle diese Plätze Namen tragen, die mit „-ley" enden? Wahrscheinlich nicht, da dieser Begriff früher Land bezeichnete, dass entlang von Flüssen lag und wir haben zwei große Flüsse, die durch diese Region fließen: den Aire und den Wharfe. Jedoch sollten wir nicht die Möglichkeit ausschließen, dass der Name auch etwas mit den unsichtbaren Ley Linien zu tun hat, die scheinbar an allen Ansammlungen von historischen Stätten zu finden sind. Und Ilkley Moor ist hier keine Ausnahme, weil wir hier mehr Steine mit tassen- und ringförmigen Gravuren, Stehende Steine und Steinkreise in der vergleichsweise kleinen geographischen Region finden als irgendwo sonst in ganz England. Interessanterweise liegt Ilkley Moor außerdem im geographischen Mittelpunkt Englands.

3 Versteckt durch „The Folly"

Für die meisten Besucher von Settle ist der Höhepunkt der Stadtrundfahrt heutzutage der Besuch des rätselhaften Prunkbaus „„The Folly"„ aus dem 17. Jahrhundert. In Yorkshire existiert eine ganze Reihe von Gebäuden, die man „Follys" nennt, da sie keinen sichtbaren Zweck erfüllen und meist einfach nur gebaut worden sind, um den Reichtum ihrer Besitzer darzustellen. Man könnte sagen, dass diese Zierbauten oder Prunkbauten einfach nur gebaut worden sind, um zu repräsentieren, nicht um darin zu wohnen.

Wenn nicht die physikalische Lage von „The Folly" in Settle wäre, dann könnte man ein solches Gebäude schwerlich in die Suche nach der

Wahrheit hinter der Sonnenuhr einbinden, aber die Tatsache, dass Richard Preston es ausgerechnet an dem Ort, wo es heute steht, errichtet hat, am Fuß des Castleberg Felsens, ist keineswegs ein reiner Zufall.

Abb. 5: „The Folly", Settle, erbaut von Richard Preston um 1679 mit einer sehr dekorativen Vorderfront, aber einfarbigen Seitenwänden und Innendekorationen. Seine Position verdeckt den südlichen Berghang des Castlebergs. Foto: N. Mortimer

Es kursiert das historische Gerücht, dass Richard Preston sich beim Bau von „The Folly" ruiniert hat, was ein Versuch sein könnte, zu erklären, warum er so viel Mühe in den Bau eines Gebäudes gesteckt hat, in dem er nicht beabsichtige, später zu leben. Er baute dieses Juwel von Settle nur wie eine leere Hülle aber mit gutem Grund. Brayshaw schreibt dazu:

Es gab so viele Richard Preston's in dem Gebiet von Settle, dass Fakten über ihn nur schwer zu finden sind. Es könnte sich um den Richard Preston handeln, der im Jahr 1650 mit drei Partnern zusammen alle Kornmühlen der Gemeinde gepachtet hat, um dann den Preis für das Mahlen des Korns anzuheben. Aber diese Vermutung ist nicht bestätigt. Wir wissen nur sicher, dass er im August

29

1666 als Richard Preston aus Inglemoore im County von York, Ehrenmann, die
Verwaltung der Vermögenswerte seines Onkels Robert Preston aus Settle, einem
Stoffhändler, übertragen bekommen hat, welcher einen Großteil seiner Geschäfte
im Süden der Stadt gemacht hat und auf dem Weg dorthin verstorben ist.

Und Brayshaw fährt fort: „*Zum Zeitpunkt seines Todes umfasste das Ver-*
mögen von Richard Preston praktisch das gesamte Land von Lodge Lande und
der Grenze von Anley bis Settle, bis zum Fluss Ribble bei Cammock sowie umfas-
sende Weiderechte an Banks (Castleberg Plantation) und Scaleber, „The Folly"
(auch Tanner House genannt) und verschiedene Geschäfte und verschiedene
Wohnhäuser in Settle."

Der Bau von „*The Folly"* wurde auf die Zeit von 1675 bis 1679 datiert.
Offensichtlich war Preston ein Privatier und sehr reich. Ihm gehörten
auch Anteile an örtlichen Farmen, von denen er Pachteinnahmen bezog.
Also falls er je den Wunsch gehabt hätte, im „*The Folly"* zu leben, schien
es keinen Grund gegeben zu haben, warum er das nicht hätte tun können.
Sogar wenn das bedeutet hätte, dass er dafür hätte Land verkaufen müs-
sen. Es scheint also, dass er niemals die Absicht gehabt hatte, in diesem
Haus zu wohnen oder zumindest stand diese Absicht wohl nicht an erster
Stelle.

Es gibt ein paar Hinweise darauf, dass das *Tanner House* („*The Folly"*)
schließlich zeitweilig mit jemandem geteilt worden war, da eine Teilha-
berschaft an die Familie Ellershaw gegeben worden war, die sie wiederum 1703 an Margaret Dawson verkauften, der Witwe von Langcliffe
Hall, und ihrem Sohn William und zwar für £600. Aber seit 1708 ist das
Haus nie für längerfristige Aufenthalte als Residenz oder Wohnhaus verwendet worden. Brayshaw vermutet, dass es diesem Umstand zu verdanken war, dass das Haus von „*The Tanner House"* in „*The Folly"* umbenannt
wurde. Seit dem 18. Jahrhundert wurde das Gebäude als Raum für öffentliche Versammlungen und zeitweise als Werkstatt oder Lagerraum verwendet und sogar als „*Fish and Chips Shop"*. Seit kurzem betreibt das The
North Yorkshire Council im „*The Folly"* ein Museum.

Und wieder finden wir eine seltsame, unvollständige Geschichte über
eines von Settle's hervorstechendsten Gebäuden, einem Herrenhaus mit
Räumen, die jeder örtliche Würdenträger nur zu gerne besessen hätte um
sie seiner Familie und seinen Freunden zu zeigen; und einen Turm, der
für die Beobachtung der Tiefebene seines Landbesitzes gedacht war; und

einem Ziergarten (der momentan von Freiwilligen restauriert wird). Ein Gebäude, das mit nichts zu vergleichen wäre, was in den Yorkshire Dales je gebaut wurde – und doch wurde es nie in einem Maße in Besitz genommen oder genutzt, wie es dem Haus angemessen gewesen wäre. Es bleibt ein Geheimnis, woher Richard Preston seinen beträchtlichen Reichtum hatte.

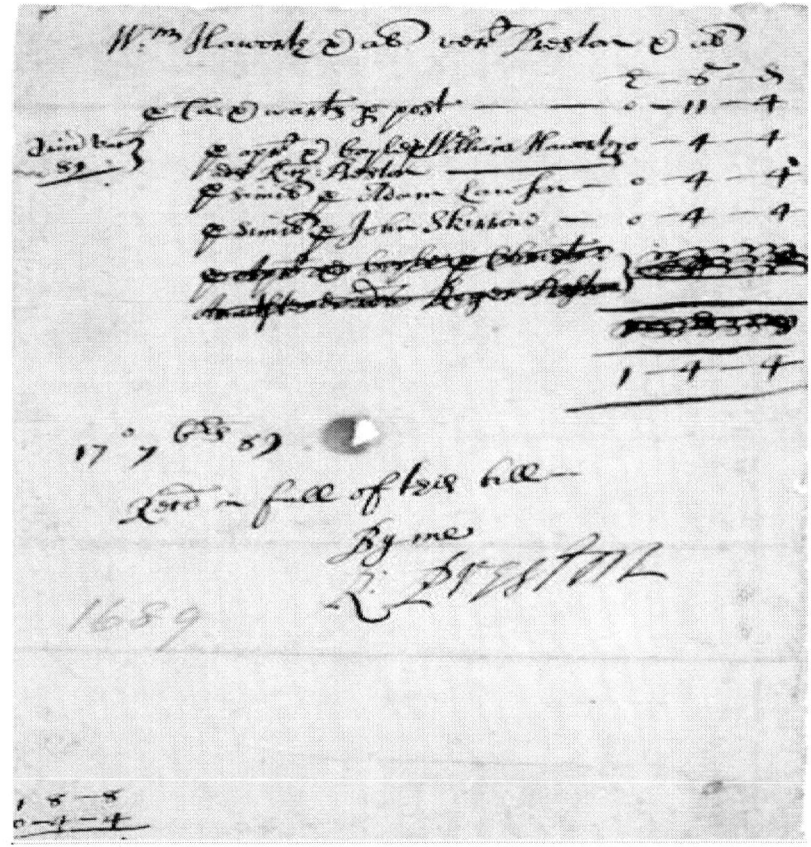

Abb. 6: Prestons Rechnung für juristische Arbeiten für William Haworth und andere, die zeigt, dass er ein wohlhabender Anwalt war. Foto: N. Mortimer

Die meisten Lokalhistoriker freuen sich darüber, einfach zu wiederholen, was aus der Zeit von Preston über „The Folly" bekannt geworden ist – und diese Informationen, auch aktuelle, sind sehr rar. Die Forschung dauert noch an, aber es sind bisher nur wenige neue Fakten über das Gebäude ans Licht gekommen. Es heißt, dass der Turm auf der Rückseite des Gebäudes nie seine beabsichtigte Bauhöhe erreicht hat.

Aber warum sollte das stimmen? Die Wandvertäfelung in den Haupträumen ist angeblich unfertig und das Gebäude beherbergt eine wunderschöne und ausgedehnte Eichentreppe mit vielen Verzierungen. Was wir hier vor uns haben, ist ein Haus mit einer fantasievollen Vorderfront, glatten Seitenwänden und einem unfertigen Turm auf der Rückseite. Und ich vermute, dass „The Folly" nur genau das ist, nämlich ein Prunkbau, eine Zierde und nichts weiter. Es ist nur ein Blickfang für Passanten.

Das Offensichtliche verschleiern

Das Hinterland von „The Folly" beherbergt einen märchenhaft verzierten, terrassenartig angelegten Garten, der sich bis in die Hänge des Castlebergs hoch erstreckt. Ich habe im Sommer 2011 einen Beweis dafür gefunden, dass dieser Garten sich noch bis viel weiter in die Hügel hinauf erstreckt bis etwa 100 ft über der Stadt. Und zwar habe ich kleine felsige Plattformen gefunden im selben Stil wie diejenigen, die man heute noch direkt hinter der rückwärtigen Haustür von „The Folly" findet.

Man kann kaum glauben, dass die Steine der Sonnenuhr nicht gleich viel Platz auf dem Castleberg eingenommen haben sollen wie die im Garten von „The Follys". Tatsächlich würde es viel mehr Sinn machen, wenn die Sonnenuhr tatsächlich eine Hauptattraktion des Gartens selbst gewesen wäre, obwohl Preston natürlich nicht wollte, dass irgendjemand etwas von der Existenz der Stehenden Steine erfuhr. Welch besseren Weg hätte es gegeben, als den Anblick dieser Steine hinter „The Folly" dadurch zu verdecken, dass man einen großen Turm baute, der gerade hoch genug war, um genau das zu erreichen?

Und würde das nicht genau so aussehen, wie ein Turm, der nicht fertiggestellt worden ist? Die beste Art, ein Geheimnis zu verstecken, ist es, wenn man das Geheimnis ganz offen und für jeden ersichtlich darstellt und dann die Aufmerksamkeit des Betrachters davon ablenkt, indem man die Fakten darüber ein wenig durcheinanderbringt. Die Menschen haben die seltsame Angewohnheit, das nicht zu sehen, was sie direkt vor Augen haben und diejenigen in den mächtigen Positionen wissen das ganz genau. Wenn man ein Geheimnis offenlegt, dann bleibt der Zweck hinter diesem Geheimnis dennoch bestehen, aber versteckt trotz der offenen Sicht darauf und niemand wird auch nur daran denken, irgendwelche Fragen darüber zu stellen.

„The Folly" birgt ein sehr spezielles Geheimnis in sich und das ist der Grund, warum es als Zierbau gebaut wurde, als Fälschung. Jeder weiß, dass es nur ein Zierbau ist, aber bis heute weiß niemand, warum eigentlich.

Einige Zeit nach dem Tod von Richard Preston wurden der südliche Berghang und die Gärten vernachlässigt, was zu einem Verlust des allgemeinen Wissens über die Landschaft beim Castleberg und der Sonnenuhr darauf führte. Wir haben keinen Hinweis auf die Sonnenuhr bis 1720 und sie wird auch vor diesem Jahr nicht in den Schriften von Preston oder seinen Partnern erwähnt. Es wäre möglich, dass das sich ausbreitende Waldgebiet damals von Prestons Arbeitern mit Bäumen und Büschen bepflanzt wurde, was zweifellos dazu dienen sollte, die stehenden Steine noch besser zu vertuschen.

Die Grundstücke sind Privatbesitz geworden und daher außer Reichweite für den größten Teil der Bevölkerung. Wenn Sie das Waldgebiet der *Castleberg Plantation* anschauen, dann ist es ganz offensichtlich, dass bestimmte ältere Bäume aus einem ganz bestimmten Grund entlang des Berghangs positioniert worden sind. Dieses Gebiet wurde weiterentwickelt und in den Folgejahren wurde eine neue Vegetation angepflanzt. Ein Teil des Gebietes und auch dieses Berghanges wurde später ein beliebter Platz für Ausflüge in der Viktorianischen Zeit.

Heute ist dort ein dichter Teppich von Unterholz und Dickicht am südlichen Berghang, aber während der Sommermonate kann man einen Weg hindurch finden entlang den gewundenen Wegen, die sich durch ein Labyrinth mächtiger Felsbrocken bis zum Gipfel des Castelbergs hochschlängeln. Einige davon sind 30 ft im Durchmesser, aber man kann sie erst erkennen, wenn man praktisch direkt darauf steht, so dicht ist das Gestrüpp.

Abb. 7: Helen, die Frau des Autors, steht an einem Begrenzungszaun, der seit 2011 ein Warnschild trägt, das es der Öffentlichkeit verbietet, diesen Teil des Waldes am Castleberg zu betreten. Foto: Nigel Mortimer

4 Ein antikes Portal?

Lassen Sie uns noch einmal ins Gedächtnis rufen, was wir bislang über die Sonnenuhr erfahren haben und wie sie heute beurteilt wird:

1.   In den letzten 500 Jahren wurden mindestens zwei Versuche unternommen, das wahre Wissen über das tatsächliche Aussehen der Sonnenuhr zu verschleiern.

2.   Aufzeichnungen und Zeichnungen, die im 18. Jahrhundert von ihr gemacht worden sind, zeigen unterschiedliche Bauweisen der Sonnenuhr und es wurden außerdem zusätzliche Informationen hinzugefügt wie der Berg, der gar nicht existierte. Außerdem wurde Verwirrung gestiftet über den tatsächlichen Platz, an dem die Sonnenuhr auf dem Castleberg gestanden hatte.

3. Beachtliche Persönlichkeiten aus der Umgebung von Settle waren direkt darin verwickelt, den Standort der Sonnenuhr vor den Einheimischen und vor Reisenden geheim zu halten.

4. Im 18. Jahrhundert hat John C Lettsom eine glaubhaftere Version der Sonnenuhr in seiner Straßenkarte von Upper Settle eingezeichnet. Er wurde ein berühmter Arzt und ein Gründungsmitglied der *Fellow Society of London*. Seine Karte wurde schließlich im Haus eines Freundes in Ironbridge gefunden.

5. Es hat vier oder fünf Steine von beträchtlicher Größe gegeben, die man anscheinend noch in 3 bis 4 Meilen Entfernung sehen konnte. Anhand der Karte von Lettsom ist zu vermuten, dass diese Steine auf den Terrassen am südlichen Hang des Castlebergs platziert worden sind. Doch von solchen Steinen lässt sich in der gesamten Region um Settle keine Spur finden.

6. Richard Preston baute „*The Folly*" um die Sicht auf die stehenden Steine am Berghang hinter dem Gebäude zu verdecken. „*The Folly*" war als leere Hülle gebaut und beinhaltete einen Turm mit einer sorgfältig verarbeiteten Frontansicht, um das Auge des Betrachters von dem Privatgrundstück abzulenken, auf dem die Sonnenuhr stand.

Nun haben wir ein neues und völlig anderes Bild von dieser Sonnenuhr und zwar eines, das näher an der Wahrheit liegt als die Beschreibungen, die uns im Laufe der Zeit überliefert worden sind. Heutzutage spricht kaum jemand über diese Tatsache, aber diese sind für jeden ersichtlich, der bereit ist, sich mit dieser Materie eingehender zu beschäftigen.

Ich weiß, dass es wie ein Vertrauensvorschuss klingt, wenn ich unterstelle, dass die Sonnenuhr eine Reihe antiker Steine war und es ist richtig, dass ich weder schriftliche noch überlieferte Beweise habe, um diese Tatsache zu beweisen, aber wir müssen hier das Gesamtbild betrachten und berücksichtigen, dass die fragliche Region sehr alt ist und vermutlich ein Mittelpunkt der Jungsteinzeitmenschen war, die hier ihre heiligen Plätze an den Hängen des Castlebergs errichtet haben. Der heilige Platz, an dem die Sonnenuhr stand, wäre diesen Menschen vor Tausenden von Jahren bereits bekannt gewesen bevor er in unserer Version der Geschichte überhaupt auftaucht. Und ich bin mir sehr sicher, dass diese Menschen den

Platz für besonders wichtig erachtet haben, um ein derartiges Bauwerk hier zu errichten.

Ich tendiere zu der Ansicht, dass wir zwei verschiedene Quellen (mindestens) für die hauptsächlich vorkommenden Megalithbauten, Stehenden Steine und Steinkreise hier in England haben. Zunächst einmal gibt es die Originalsteine, die älter sind als die historischen Aufzeichnungen vermuten und ungefähr vor 30.000 bis 50.000 Jahren aufgestellt worden sind. Diese Steine wurden instinktiv auf den Linien der Erdenergie aufgestellt, die auf der ganzen Welt zu finden sind und wo sich diese Flusslinien anhäufen. Ich denke nicht, dass die Menschen der Jungsteinzeit irgendetwas mit diesen Steinen zu tun hatten und dass sie stattdessen zu einer viel älteren menschlichen Rasse gehören, die einen höheren Grad an spiritueller Intelligenz erreicht hatte.

Dann gibt es noch den zweiten Typ von Steinen und die späteren Steinkreise, die die ursprünglich aufgestellten Steine der Neolithischen Bauern kopierten, deren Schamanenpriester mit den Plätzen interagierten ohne jedoch ein komplettes Verständnis über die Besonderheit der heiligen Plätze zu besitzen. Heidnische Sonnenanbetung, die aus der Region stammt, die wir heute das Alte Ägypten nennen gelangte während der Jungsteinzeit nach England und die Sonnenreligionen wurden mit dem wahren Zweck der Steinkreise vermischt, die wir heute in Europa und an anderen Stellen finden.

Aufgrund der Art und Weise wie wir die Zeit messen, haben wir vergessen, dass das Konzept der „Zeit" nur eine Illusion ist, obwohl wir sehen können, wie die Zeit vergeht und die Himmelskörper über uns ihre Bahnen ziehen. In Wirklichkeit ist es jedoch so, dass wir nichts als „Zeit" definieren können und wir daher die Zeit erfunden haben, um Ereignisse in Abläufe und Fortschritte einteilen zu können. Es gibt lediglich eine Bewegung durch den Raum, die wir messen können mit Hilfe des Begriffes „Zeit".

Die früheren Bewohner der Region um den Berghang des Castlebergs haben vielleicht dieses Konzept verstanden, dass sich alles vorwärts durch den Raum bewegt und dass man die Dauer der Wahrnehmung dieser Bewegung mit etwas vergleichen kann, das der Vorstellung von „Zeit" nahekam, die sie vermutlich zu messen begannen, als sie die Aspekte in ihrer Umgebung einschließlich der Erde, des Himmels, der Planeten und der Sterne vermaßen. Für die ersten Einwohner der Region um Settle hatten die Steine der Sonnenuhr also wahrscheinlich wenig mit der Zeitmessung an sich zu tun und es waren die späteren Neolithen, die diese mit der Planung ihrer landwirtschaftlichen Aktivitäten in Verbindung brachten. Die ersten Menschen, die die Steine selbst auf den Berghang platzierten, wollten nur den Fokus auf diese heilige Stelle richten, und die unsichtbaren Energien markieren.

Sie haben instinktiv gefühlt, wie alles in ihrer Umgebung miteinander verbunden ist und dass sie selbst, als lebendige Wesen, auch ein wichtiger Teil dieser Umgebung sind. Sie hatten etwas, was wir eine ganzheitliche Sicht der Welt nennen würden und ich denke, dass damals als die heidnische Wirklichkeit schließlich dem größten Teil der Gesellschaft abhanden gekommen war, der Intellekt die Führung übernahm und das Verständnis der Zahlen und traditionellen Wissenschaften dominierte. Der wahre Hintergrund für den Gebrauch der Sonnenuhr-Steine und der tatsächliche Grund für die Wahl des Standortes wurde vergessen und blieb den folgenden Generationen verborgen. Bis auf diejenigen, die das ursprüngliche Wissen der ersten Menschen heimlich bewahrten und beschützten und damit ein zweigleisiges System schufen, die die Menschen unterteilte in „die Wissenden" und diejenigen, die nur das Falsche wussten, das man ihnen eingetrichtert hatte. Durch diesen sich aufbauenden Prozess wurden die Tatsachen, die einst bekannt waren, zum Stoff von Mythen und Legenden für diejenigen, die es nicht besser wussten. Und die Bewahrer der Wahrheit verblichen im Schatten der Zeit.

Also warum wurde die Wahrheit über die vier oder fünf stehenden Steine als ein so großes Geheimnis behandelt? Das bedeutete sicherlich, angesichts der langen Zeitspanne, dass es das Geheimnis wert war, bewahrt zu werden - und zwar um jeden Preis. Und es muss sich um etwas ganz Besonderes gehandelt haben, wenn die Regierung mit Hilfe von Buck & Feary versucht hatte, es zu vertuschen. Die Sonnenuhr muss so berühmt gewesen sein in jenen Tagen vor dem Besuch von Buck & Feary, dass dringend etwas getan werden musste, um den guten Ruf oder die Bedeutung der Sonnenuhr zu schmälern. Hatten Buck & Feary möglicherweise die Wahrheit gekannt? Haben Sie gewusst, dass es sich um viel mehr handelte, als die Steine einer Sonnenuhr mit eingemeißelten Ziffern? Und wussten Sie auch, dass Tausende von Jahren lang niemand bemerkt hatte, dass die Sonnenuhr in Wirklichkeit ein Portal zu einer anderen Welt ist?

Ich hätte nie eine so fantastische Behauptung aufgestellt ohne die Erklärung, warum ich zu diesem Schluss gekommen bin. Und der Rest des Buches wird von den Beweisen handeln, die meine Behauptung stützen. In den vorangegangenen Kapiteln habe ich klargestellt, dass ich die Sonnenuhr als einen Megalithbau betrachte und dass dieser auf dem Hang des Castlebergs gebaut wurde, um eine ganz bestimmte Stelle zu markieren.

Es ist diese wichtige Stelle am Berghang, die so bedeutend ist (und auch die Steine selbst!), dass Buck & Feary deshalb ihren Stich manipulieren mussten, damit der Fokus auf den flachen Steinen und nicht auf dem Punkt in der Landschaft lag. Denken Sie nur daran, wie Preston sein *„The Folly"* extra als Ablenkmanöver gebaut hat. Die Einwohner jener Zeit waren keine dummen, ignoranten Menschen, sie wussten ganz genau, dass die Darstellung von Buck & Feary falsch war. Und diejenigen, die hinter der Vertuschungsaktion steckten, wussten genau, dass es mehrere Generationen dauern würde, um die Wahrheit völlig zu verschleiern. Und wenn die Regierung behauptet, dass die Sonnenuhr schon immer so ausgesehen hat, dann wäre es sehr schwer, aufgrund einer verblassten Erinnerung etwas anderes zu beweisen. Also musste man den Menschen immer wieder erzählen, dass die Sonnenuhr schon immer genau so ausgesehen hatte, damit sie es am Ende selbst glaubten – und das taten sie auch!

Wir haben also herausgefunden, dass es möglicherweise vier oder fünf Steine an dem Berghang gegeben hat, aber wir können die exakte Position nicht feststellen, weil die Steine schon lange verschwunden sind und außerdem der Hang dicht bewachsen ist. Felsbrocken und Bäume verdecken den Boden dort so gut, dass man auch kein Anzeichen dafür finden könnte, dass die Steine vergraben worden sind.

Das nördliche Ende des Castlebergs wurde neu gestaltet in der spätviktorianischen Periode als man einen kleinen Park baute und den Wald später dafür teilweise abholzte, um den *Tot Lord Trail* hindurchzuführen. Dieses Gebiet wird auch heute noch genutzt, aber meist liegen dort leere Bierdosen und Abfall herum von Menschen, die damit den einst heiligen Grund der Frühmenschen verschmutzen. Der Beweggrund für die Umgestaltung des Gebietes könnte gewesen sein, dass man die Leute von dem

Herumwandern in den privaten Teilen des Berges abhalten wollte, aber das ist reine Spekulation.

Tausende von Besuchern bahnen sich jedes Jahr ihren Weg auf den Gipfel des Berges, wie schon seit hundert Jahren. Und der Fels auf dem Gipfel ist beliebt bei den Bergsteigern. Wenn man einmal oben angelangt ist, hat man eine spektakuläre Sicht über die ganze Region von Settle bis hin zum Pendle Hill im Westen. Aber es gibt nichts Besonderes zu sehen als die Wipfel der Bäume, die sich unter dem Hang erstrecken. Jegliche Geheimnisse, die früher einmal hier gewesen waren, sind schon lange vor dem Auge des Betrachters versteckt. Am unteren Berghang sehen wir eine Reihe von alten und neuen Häusern, antike Brunnenanlagen und die Gärten vom „The Folly", wie bereits beschrieben. Wir müssen schon genauer hinsehen, wenn wir einen weniger auffälligen Hinweis für die Stehenden Steine finden wollen, die hier irgendwo gestanden haben.

Wir haben die antiken Brunnen und Quellen, die in der ganzen Region verteilt sind und die, wie wir wissen, in Zusammenhang mit der Anbetung von Gottheiten in der damaligen Zeit stehen. Außerdem findet man im Wald antike Haine (anders als die Baum-Ansammlungen, die man später gepflanzt hat, um möglicherweise die Sonnenuhr zu verdecken) und auch die Haine waren den Frühmenschen heilig. Man weiß, dass später die Römer den Castleberg besetzt haben, von daher kommt auch der Name. Wir haben ein römisches Fort in Ilkley, genannt Castleberg – aber es gibt keine Aufzeichnungen über die Beweggründe oder über heilige Objekte, die man hier in den Wäldern gefunden hat. Was ein weiterer Hinweis darauf ist, dass die Vermutung, dass die Frühmenschen sich hier in den Hügeln niederließen von den Funden stammt, die man beim Bau von *Tot Lord* bei *Victoria Cave* gefunden hat.

Es gibt mehrere Gebäude in der Nähe, die mich sehr interessieren, darunter *Sutcliffe Buildings*, das in spätviktorianischer Zeit direkt neben „The Folly" gebaut wurde und der *Zion Congregational Church*, die ein wenig weiter den *School Hill* hinauf gebaut wurde, um die Quadratische Grundfläche des Tempels von Salomon darzustellen. Ein Steinwurf davon entfernt liegt die *Settle Freemansonic Hall*, genannt *Castleberg Lodge* (mit inzwischen zugemauerten Fenstern, die in Richtung „The Folly" zeigen) die aber heute noch regelmäßig genutzt wird.

Abb. 8: The Church of Zion, Settle – gebaut auf dem Land am Fuß des südlichen Berghangs des Castleberg, wo nach Ansicht des Autors die stehenden Steine als Pfeiler gelandet sind. Wurden Gebäude wie diese aus vergrabenen Steinen erbaut oder wurden sie woanders in dem Gebiet um Settle gefunden? Foto: Nigel Mortimer

Diese Plätze scheinen durch ein Netzwerk von unterirdischen Tunneln und engen Gängen verbunden zu sein. Es gibt Beweise dafür, dass ein großer unterirdischer Tunnel zwischen *„The Folly"* und *Sutcliffe Buildings* existiert, der im Keller des letzteren zugemauert wurde. Außerdem gibt es einen engen Durchgang, der ebenfalls unterirdisch hinter *„The Folly"* verläuft. Diese scheinen zur selben Zeit gebaut worden zu sein wie die Gebäude, aber es bleibt ein Rätsel, warum sie angelegt worden sind.

Ich bin fest davon überzeugt, dass die ersten Menschen weit mehr über ihren Platz im Leben und der Welt wussten als heutzutage. Die Funde von Archäologen und Historikern lassen uns vermuten, dass der Neandertaler fast wie ein Homo Sapiens erschien (weil er genau das war!), aber die Funde sagen wenig darüber aus, wie er plötzlich fähig war, innerhalb kürzester Zeit Technologie, Mathematik und Wissenschaften zu erlernen. Es schien, als hätte bereits eine Rasse von Menschen neben diesen Neandertalern existiert, die weiter fortgeschritten waren und die ihr Wissen an diese frühen Bauern weitergegeben hatten. Im Laufe der Zeit wuchs die Zahl der Neandertaler und die andere Rasse zog in andere Teile der Welt weiter, wo sie die Saat der Zivilisation aussäte und eine Rasse von Steinzeitmenschen zurückließ, die nun über ein instinktives Wissen verfügten, aber den Schlüssel zu ihrem Zugang verloren hatten. Wir nennen dieses Wissen heute „Instinkt", wobei dies eher eine verwässerte Version ist, die die meisten weniger hoch entwickelten Tiere und Lebensformen auf diesem Planeten besitzen. Innerhalb der menschlichen Rasse wird der Ausdruck nicht so hoch geschätzt oder oft verwendet.

Abb. 9: Die Rückseite der Westwand der Church of Zion in Settle. Von hier aus hätte man direkt auf den südlichen Berghang geblickt, doch sie wurde ohne erklärbaren Grund einfach zugemauert. Foto: Nigel Mortimer

Die Schlussfolgerung daraus ist, dass das Gehirn seine Informationen über seine fünf Sinne erhält. Und das lässt uns danach streben, was wir seit langer Zeit verloren und vergessen haben. Wir betrachten historische Ereignisse in einer linearen Art, einer Art Zeitstrahl durch die Geschichte und tendieren dazu, alles zu ignorieren, was nicht in dieses Schema passt, das uns von der Gesellschaft und unserer Umgebung eingeredet wird.

Wir richten unseren Fokus auf die Art und Weise wie die Welt funktioniert und erwarten, dass diese Art und Weise sicher ist. Und wenn dann plötzlich das Klima unerwartet umschlägt, versuchen wir, einen rationalen Grund dafür zu finden, der aber immer wieder – wie so oft bewiesen – der falsche ist.

Während der letzten großen Klimakatastrophe hat auch der Neandertaler begonnen, seinen Instinkt abzulegen und gegen das lineare Denken über die Raum-Zeit einzutauschen. Der Hauptgrund dafür war, um das Überleben unter diesen harten Wetterbedingungen zu sichern, was eine gute Organisation des Tages- und Nachtablaufes erforderlich machte. Und bald war die Religiöse Anbetung aus der Notwendigkeit heraus entstanden, die Mysterien der Welt und der Himmelskörper zu verstehen, die die Raum-Zeit-Erklärung nicht offenbaren konnte. Die Menschen fühlten sich plötzlich einsam und verwundbar, unfähig ihre Bestimmung vorherzusehen. Also wendeten sie sich den Orakeln und Ritualopfern zu und konnten dadurch Entschuldigungen dafür finden, dass sie unfähig waren, ihr eigenes „Höheres Selbst" zu erreichen.

Mit dem täglichen Sonnenaufgang begannen unsere Vorfahren Zeuge des linearen Zeitablaufs zu werden innerhalb der dreidimensionalen Realität, die sie umgab. Sie distanzierten sich von der Ansicht der ersten Menschen, dass die Welt ein einheitliches Gebilde war und dass Menschen ein Teil dieser Welt waren (körperlich, geistig und mit ihren Taten). Sie wurden immer mehr zu Wahrheitssuchenden und immer weniger zu Trägern des Wissens. Es war während dieser Übergangsphase, dass die Frühmenschen ihre Religiösen Rituale in Steinkreistempeln und ähnlichen Bauten ausübten (ca. 3000 v. Chr.) und den ursprünglichen Grund für den Bau dieser steinernen Monumente (ca. 25.000 – 30.000 v.Chr.) vergaßen.

Schamanen, die dieses Wissen (in verwässerter Form) bewahrten, zogen den Schluss, dass diese Steintempel in Zusammenhang standen mit der Sonnenaktivität und regten die Anbetung der Sonne an, als Repräsentation der lebensspendenden Gottheit und des Mondes als dem Reisenden durch die Dunkelheit und die Mysterien der Nacht und des Todes...und der Planeten und Sterne als Verkörperung aller anderen Aspekte des menschlichen Lebens.

Sie waren schon nahe dran, aber sogar diese großen Schamanen trafen den Nagel nicht auf den Kopf und erkannten die wahren Gründe für die Erbauung der Tempel und ihre Geheimnisse nicht – ein Ignorieren von Mythen und Folklore. Dennoch lernten diese hohen Schamanenpriester mit der Zeit ihr Wissen als gut gehütetes Geheimnis zu bewahren, nur sie konnten Zugang zu den Göttern erhalten und jeder andere musste zu ihnen kommen, wenn er dasselbe erreichen wollte. Sie allein kannten die geheimen Rituale und die heiligen Plätze und nur sie konnten die Riten durchführen. Doch die Masse der Leute blickte ignoranterweise nur in stiller Bewunderung zu ihnen auf und so spaltete sich die Gesellschaft in ein Zwei-Klassen-System wie wir es auch heute kennen. Es gab diejenigen an oberster Stelle, die „mehr wussten" als die weiter unten, die „weniger wussten". Sie sehen also, wir verhalten uns heute nicht viel anders als unsere Vorfahren und suchen immer noch nach den Antworten auf die Mysterien der Welt mit Hilfe einer Raum-Zeit-Erklärung.

Über Tausende von Jahren hinweg wurden die Stehenden Steine und der Steinkreis ein Symbol für heidnische Sonnenreligionen. Durch die Rituale, die oft auch Menschenopfer, Tanz und Rauschzustände beinhalteten, wurde Lebenskraft gespendet und in den heiligen Stätten gespeichert, wo die Steine als Bewahrer dieser Energie dienten.

In Wirklichkeit ging es bei den meisten Handlungen (soweit menschlichen Handlungen einbezogen wurden), die an diesen Orten vorgenommen wurden, um ein Rollenspiel, einen rituellen Dienst und der Aufladung dieser Plätze mit menschlicher Lebensenergie. Auf gewisse Art könnte man sagen, sind die Steinkreise auch nur Zierbauten und waren nie zu dem Gebrauch gedacht, den die Frühmenschen daraus ableiteten. Es gibt ein großartiges Geheimnis, eines, das die Menschheit schon vor Tausenden von Jahren verloren hat, über diese Steinkreise und die Plätze an denen sie auf der ganzen Welt zu finden sind. Diese heiligen Stätten sind eine Erbe, welches uns von unseren Vorfahren weitergegeben wurde, die überhaupt nicht der Ansicht waren, wie wir heute, dass die Welt um uns herum nur mit den fünf Sinnen zu begreifen ist.

Steinkreise kann man auch nach so langer Zeit heute noch in der Landschaft finden und das liegt an der Art von Steinen, die man dazu benutzt hat. Diese Tempel wurden gebaut lange nachdem man die Fundamente für die Pyramiden von Ägypten gelegt hat. Sie waren Markierungszeichen, Merkmale inmitten einer Landschaft, die völlig anders ist als die, die wir heute kennen, eine Umgebung durchzogen von Energielinien, die so subtil sind und dennoch so kraftvoll!

Die ersten Menschen platzierten die Steine in Kreisen, um einen bestimmten heiligen Platz zu markieren. Das Erscheinungsbild dieser Steine teilte all denen, die damit in Verbindung standen, mit, dass „dies ein heiliger Ort ist" und dass hier etwas anders ist mit der Position dieser Stätte auf den Gitternetzlinien der Erde. Obwohl die Steinkreise heute noch fantastisch und rätselhaft erscheinen, führen sie uns zurück in eine Zeit, die man sich heute kaum vorstellen kann, eine Zeit lange vor der ersten geschichtlichen Aufzeichnung. Die Steine selbst sind nichts weiter als Steine, die man in einer bestimmten Art und Weise aufgestellt hat. Es ist der Ort, die geographische Lage, an denen man sie findet, die der wichtige Faktor in dieser Sache darstellt. Und das alles hat mit den Energien an diesem Platz zu tun, die die ersten Menschen damals bemerkt haben und die der Grund dafür war, warum man die Steine überhaupt aufgestellt hat.

Wir sollten also berücksichtigen, dass der südliche Berghang des Castlebergs ein heiliger Boden ist. Erstaunlicherweise versuchten die ersten Menschen, steinerne Markierungen hier anzubringen (und bei Cleatop), um dadurch ein uraltes Statement abzugeben: *„Dieser Platz ist etwas Besonderes und sollte von den Menschen auch als solcher beachtet werden. Und man hat uns sogar gesagt, warum das so ist, aber wir haben es vergessen!"*

Wir, dieser Planet und alles im Universum, sind reines Bewusstsein. Alles ist sich alles anderen bewusst, weil alles ein Teil der Matrix ist, des energetischen Gitternetzes, das alles beinhaltet. Und nichts steht dieser Schlussfolgerung entgegen, weil es die absolute Wahrheit ist. Während er an seiner Theorie über Sternentore arbeitete, hat das amerikanische Medium und Hellseher David Wilcock gesagt, dass *„der Grundstoff des Universums das Bewusstsein ist"*.

Ich denke, also bin ich – und alles was ich weiß liegt innerhalb des Bereichs der Gedanken von allen anderen. Wie kann das bewiesen werden?

Uns wird gesagt, dass wir in einer dreidimensionalen Realität leben und dass unsere Sinne das sehr begrüßen. Wir nennen das Raum-Zeit. Zeit, wie wir gesehen haben, wird innerhalb dieser Grenzen linear gemessen anhand von Ereignissen. Dies ist jedoch nicht wirklich so. Die Zeit ist nicht linear, es scheint nur so zu sein, weil unsere Sinne und unser Gehirn es so wahrnehmen, da sie der Raum-Zeit verhaftet sind.

Wir können die Raum-Zeit definieren als:

1. Drei Raumdimensionen und eine Zeitdimension
2. Man kann sich innerhalb der drei Raumdimensionen bewegen
3. Eine Zeitdimension ist fix und fließt vorwärts wie ein Fluss

Nun können wir darüber spekulieren, dass es auch eine Kehrseite der Raum-Zeit gibt und wir können diese Umkehrung Zeit-Raum nennen.

Wir können den Zeit-Raum definieren als:

1. Drei Zeitdimensionen (für uns) und eine Raumdimension (für uns)
2. Man kann sich innerhalb dieser drei Zeitdimensionen bewegen.
3. Diese „Traumebene" oder „Astralebene" oder auch „Andere Seite" ist durch unsere Gedanken zugänglich und das Verständnis dafür wurde aus unserem Bewusstsein gelöscht.

Es hört sich unglaublich an, aber wir alle machen Erfahrungen des Zeit-Raums während unseres Lebens, ein jeder von uns. Wir wissen nur nicht, was es ist. Der Schlüssel zu dieser „versteckten Fähigkeit" ist die Funktion der menschlichen Psyche – die Kunst, eine alternative Realität in dem Zeit-Raum zu sehen.

Es gibt Orte, an denen wir die Zeit-Raum-Stadien erfahren können und der Eingang und der Ausgang befindet sich an heiligen Stätten, die nur zu bestimmten Zeiten erreicht werden können, abhängig vom energetischen Zustand der Gitternetzlinien an jedem einzelnen Punkt (z.B. wenn die Planeten in einer Reihe stehen, werden die Energiemuster beeinflusst). Oder wenn das Tor sich all unseren psychischen Funktionen öffnet.

Haben Sie schon einmal ein plötzliches „Summen" im Kopf gehört? Nachforschungen haben gezeigt, dass dies oft von einer unerwarteten Aktivierung der Zirbeldrüse ausgelöst wird, die innerhalb des Gehirnzentrums liegt und die wie ein Kiefernzapfen aussieht.

Die Zirbeldrüse ist schon seit Anbeginn der Zeit bekannt und alte Kulturen rund um die Welt stellen sie als „Drittes Auge" dar. Dies war den ersten Menschen bekannt, die es instinktiv benutzt haben, d.h. die genau wussten, was man damit macht. Ein korrekter Gebrauch des Dritten Auges hätte die Jungsteinzeitmenschen mit der Zeit-Raum-Dimension verbunden. Die Zirbeldrüse ist Ihr Zugang zu einer höheren Dimension und wenn sie einmal aktiviert wurde, erlaubt sie eine neue Sinneswahrnehmung, die innerhalb der ätherischen Bereiche der bewussten Vorstellungskraft arbeitet.

Erinnern Sie sich daran, dass alles ein Teil des Bewusstseins ist, sogar Ihre Vorstellungskraft, die in der Raum-Zeit wirklich Realität ist, wird dort erschaffen.

Die Forscher sind sich darüber einig, dass wenn die Zirbeldrüse einmal korrekt aktiviert wurde, sie Zugang zum „Weltenbaum" gewährt, wie unsere Vorfahren es genannt haben und was die Wissenschaft heute als DNA und Energiezellen wegerklären will, die sich im menschlichen Körper befinden. Die Esoteriker nennen dies Chakras und Kundalini, welches die offenen Quellen des Wissens über alles Spirituelle und Okkulte darstellen.

Die Zirbeldrüse war dazu bestimmt, die Menschheit dazu zu befähigen, die Zeit-Raum Grenzen der ätherischen Welt zu überschreiten, aber diese Fähigkeit wurde permanent ausgeschaltet durch den Missbrauch von Diäten, angegriffener Gesundheit und der Senkung des geistigen Niveaus und der individuellen (Meinungs-)freiheit durch eine unfaire Gesellschaft. Heute ist sie daher zu einem überflüssigen Muskel verkommen ohne jede feststellbare Funktion (zumindest denkt die Medizin so). In der Raum-Zeit Realität und mit fortgeschrittenem Alter stellt sie ihre Funktion völlig ein. Wenn sie jedoch geöffnet und gesund ist (z.B. durch Meditation) baut sich ein elektromagnetisches Feld auf, das wie ein Schutzschild funktioniert und die alle Störungen der Raum-Zeit (unserer alltäglichen Gedanken) abhält. Die Feuchtigkeit innerhalb der Zirbeldrüse wird aktiviert und bringt die Moleküle dazu, sich zu überschlagen und ein gedankliches Portal zu öffnen, damit Sie mit ihrem Dritten Auge die Welt des Zeit-Raums sehen können.

1. Die Dunkelheit z.B. aktiviert die elektromagnetische Aktivität in dem Bereich der Zirbeldrüse

2. Die EM-Feldaktivität fühlt sich an wie ein Druck, ein Summen, ein Ton, ein Pfeifen – alles Dinge, die durch die Beschleunigung der Raum-Zeit Gedanken innerhalb des Kopfes ausgelöst werden, die das Umschwenken des Bewusstseins in den Zeit-Raum-Zustand anzeigen.

Hier haben wie also ein paar Komponenten, die im Zusammenspiel miteinander die Nutzung der Sonnenuhr zum übernatürlichen Gebrauch ermöglichen.

Es gibt einen heiligen Ort selbst, die Steine am südlichen Berghang und es gibt die Möglichkeit, die Zeit-Raum-Dimension an dieser Stätte zu betreten, genauso wie die ersten Menschen es taten und dann die Steine an diesem Platz aufstellten, um daran zu erinnern, dass dies ein ganz besonderer Ort ist, bevor sie wieder in den Raum-Zeit-Bewusstseinszustand zurückfielen. Ohne dieses Bewusstsein und die Aktivierung der Zirbeldrüse, würden die heiligen Stätten inaktiv bleiben und die Steine einfach nur als Bauwerke innerhalb der Raum-Zeit-Landschaft erscheinen lassen, aber ohne wirklichen Sinn und Zweck.

Einst wurde dieses Wissen der ersten Menschen an die Schamanen der Jungsteinzeit weitergegeben, die das Wissen geheim halten wollten, das ihnen Macht und Wohlstand in der Raum-Zeit garantierte und darüber hinaus Zugang zum Zeit-Raum ermöglichte, was keinesfalls eine Reise ohne Wiederkehr war sondern ihnen bewusst machte, dass sie auf ihren ätherischen Reisen nicht allein waren.

Anderen, deren Herkunft nicht in unserer Realität liegt, reisten ebenfalls durch diese Tore und dieses Vorgehen war ihre bevorzugte Methode der täglichen Bewegung durch Raum und Zeit. Und auf diesen Reisen gaben sie ihr Wissen an unsere Vorfahren weiter. Das Geheimnis liegt darin, dass diese Steine, Steinkreise und heilige Stätten tatsächlich wie geistige Verstärker funktionieren.

An diesen Orten sind unsere Zirbeldrüsen aktiviert und erlauben es uns, die Zeit-Raum-Dimensionen wahrzunehmen mit Hilfe von Außerdimensionalen Wesen, von denen uns einige ähnlich sind, andere nicht. Und diese kommen und gehen durch diese Sternentore so leicht wie wir in einen Bus einsteigen! Das Geheimnis ist, dass wir als lebendige menschliche Wesen uns mit unserem Bewusstsein mit einer anderen Welt verbinden können, einer in der die Gesetze der Raum-Zeit und der Wissenschaft nicht gelten. Diese Wahrheit wurde der Menschheit vorenthalten, bis auf wenige Menschen, die davon wussten und diese Wahrheit um jeden Preis verborgen halten wollen.

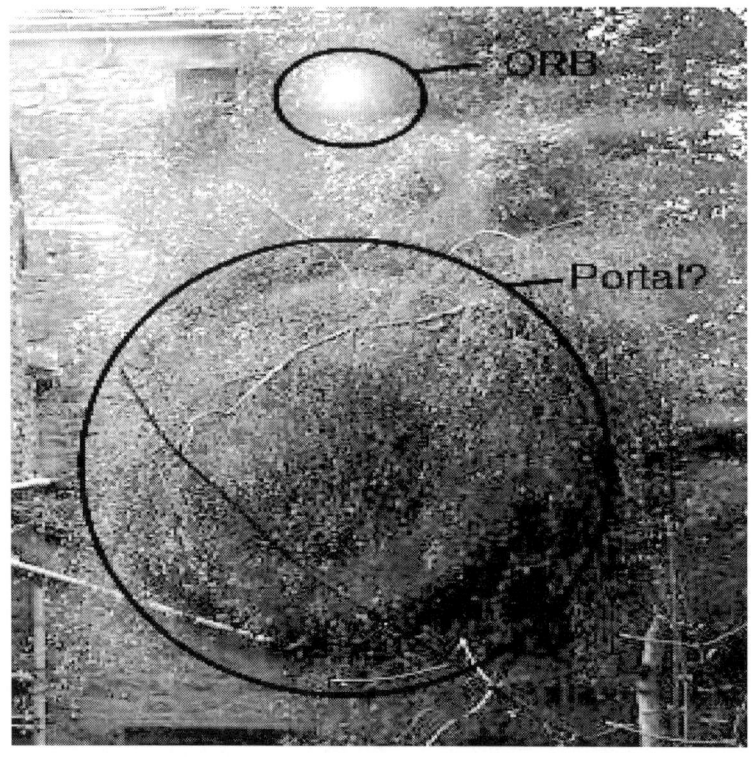

Abb. 10: Foto, das der Autor am 10. April 2012 von der Südwand des „The Folly" geschossen hat. Ein seltsamer Schatten erscheint auf dem Foto mit ORBS rundherum, nachdem er die interdimensionalen Wesen gebeten hatte, ihm einen Beweis für das Stargate zu zeigen. Foto: Nigel Mortimer

Abb. 11: Dieses Foto wurde am selben Turm von „The Folly" aufgenommen, nur drei Tage nach dem ersten, der das Portal zeigt. Wie man sieht, scheinen die drei Äste auf der rechten Seite zurückgeschnitten zu sein, wo die runde Form des Portals liegt und es gibt dort keinen Hinweis auf Nebel, Orbs order andere runde Formen im Vordergrund. Beide Fotos wurden vom Autor mit derselben Kamera und denselben Einstellungen gemacht. Foto: Nigel Mortimer

5 Tunnel ins Nirgendwo?

Wenn man sich Settle's alte Gebäude, Wohnhäuser und Hallen anschaut, so bemerkt man viele zugemauerte Eingangstüren und unterirdische Verbindungen, für die es keine schlüssige Erklärung gibt. Einige sind vermutlich aus Sicherheitsgründen geschlossen worden, aber wenn man zementierte Fenster sieht, die in Richtung der offenen wunderschönen Moorlandschaft im Osten der Stadt liegen, dann ist das sicher nicht der Grund dafür. Es scheint dabei, ohne jetzt übertreiben zu wollen, eher um eine systematische Vertuschungsaktion der Durchgänge und Tunnel zu gehen und es ist offensichtlich, dass irgendwann in der Vergangenheit viele davon ihrer kompletten Länge nach aufgefüllt worden sind.

Zierbauten in ganz Yorkshire (wie „The Folly" in Settle) haben versteckte Tunnel, von denen einige bereits gleichzeitig mit der Errichtung der Gebäude gebaut worden sind, andere erst später – viele davon als Schlupflöcher während des Englischen Bürgerkrieges. Sogar diejenigen, bei denen man kein offensichtliches Tunnelsystem entdecken kann, werden oft in Legenden beschrieben, die von versteckten Schätzen handeln, die von dämonischen Phantomhunden bewacht werden. Ein gutes Beispiel dafür findet man im *Dob Park Lodge* (einst Dog Park genannt), in Otley an der Grenze von West Yorkshire, das heute als Prunkbau bekannt ist. Kein Schatz wurde jemals hier gefunden, abgesehen von einigen alten Zinntellern und einer Kanonenkugel aus dem Bürgerkrieg, aber die faszinierende Sage des *Barguest* mit den feurigen roten Augen bleibt bestehen und in den abergläubischen alten Zeiten war das wohl schon genug, um jeden davon abzuhalten, in den Tunnel unter der Lodge zu gelangen, um den Schatz zu suchen.

Wenn wir uns „*The Folly*" in Settle näher betrachten und unsere Aufmerksamkeit auf die hinteren Gärten richten (die die Basis des südlichen Berghanges bilden), dann finden wir dort schmale unterirdische Durchgänge, die gerade groß genug sind, um hindurchzukriechen in Richtung Sutcliffe Buildings. Dort befindet sich ein zugemauerter Eingang in Richtung des Tunnels im Keller von Sutcliffe Buildings, der aussieht, als wäre er in der früheren Vergangenheit einmal erneut geöffnet worden.

Sutcliffe Buildings ist jetzt ein Häuserblock aus Mehrfamilienhäusern, das von einem örtlichen gemeinnützigen Wohnungsbauunternehmen erbaut wurde und vermutlich auf demselben Grundstück steht, auf dem „The Folly" ursprünglich stand. Die vorherigen Pächter und der Gebrauch des Gebäudes ist heute immer noch ein Mysterium und die Einwohner von Settle haben über seine Geschichte nicht viel zu sagen, was wiederum für ein so großes und imposantes Gebäude ziemlich ungewöhnlich ist.

Abb. 12: Dieser unterirdische Tunnel verläuft unter der High Street, westlich von Towns Head und der Eingang kann in den angrenzenden Wäldern unter dem Castleberg gefunden werden, der der Öffentlichkeit nicht zugänglich ist. Der Tunnel macht eine scharfe Rechtskurve und fällt ab. Aber nach ca. 30 Yards wurde er aufgefüllt und man findet keine weitere Spur von ihm. Wohin hat der Tunnel geführt? Foto: Nigel Mortimer

Genau wie in den Mythen, die über die *Dob Park Lodge* kursieren, habe ich eine paranormale Erscheinung auf dem Grundstück gesehen und zwar auf der Strecke, die unterirdisch „The Folly" und *Sutcliffe Buildings* verbinden. Aber damals wusste ich nichts von den unterirdischen Tunneln, von denen ich erst einige Monate nach diesem Erlebnis erfuhr.

51

*Abb. 13-14: Zugemauerter Tunnel, der vom Sutcliffe Building zu „The Folly"
führt. Fotos: Nigel Mortimer*

Im April 2011 beobachtete ich „*The Folly*" von der Auffahrt des angrenzenden *Sutcliffe Buildings* aus. Es war ein klarer und sonniger Morgen. Ich blickte auf die alte Silberbirke, die auf dem Grundstück von „*The Folly*" steht (nahe der Stelle, wo sich der Tunnel befindet) und bemerkte, dass sie auf einer Höhe von ca. 2/3 des Stammes von Efeu umrankt war und dort, wo sich das Efeu lichtete und eine große Astgabelung begann, erblickte ich plötzlich eine riesige weiße Eule. Sie hatte keine Ähnlichkeit mit einem anderen Vogel, den ich bisher gesehen hatte und diese „Eule" war über einen Meter groß und seltsam dünn und feingliedrig aber mit einem ganz normalen Eulengesicht. Sie blieb still an ihrem Platz und sah unwirklich aus, wie sie da ohne zu blinzeln direkt auf mich starrte.

Ich war wie hypnotisiert von diesem seltsamen Starren. Ich schaute weg und dann wieder hin, aber sie war immer noch da und bewegte sich überhaupt nicht. Ich begann zu überlegen, welche Art von Vogel das wohl sein könnte und währenddessen, ohne sich aus dem Baum wegzubewegen, verschwand die Eule einfach aus meinem Blick und verschmolz mit dem Hintergrund.

Danach fragte ich mich noch längere Zeit, ob das dieselbe Eule sein könnte, die ich ungefähr 30 Jahre zuvor im Jahr 1976 gesehen hatte? Damals fuhr ich regelmäßig mit meinem Motorrad durch North Yorkshire und auf einem Trip nach Denton, zwischen Otley und Ilkley flog plötzlich hinter einer scharfen Kurve bei Denton Hall eine große Eule vor mir zu Boden und drehte ihren Kopf zu mir und starrte mich an. Ich habe nie diese großen roten Augen vergessen! Ich bin mir ganz sicher, dass ich in beiden Fällen etwas gesehen habe, das nicht von dieser Welt war. Und obwohl mir klar ist, dass es in North Yorkshire einige sehr exotische Raubvögel gibt, so habe ich doch noch nie welche getroffen, die unter normalen Umständen einfach innerhalb von Sekunden verschwinden ohne sich irgendwie zu bewegen!

An jenem Morgen im April erzählte ich meiner Frau Helen von dem Eulen-Erlebnis und spekulierte darüber, dass es sich um eine Art psychischen Beschützer des Platzes um „*The Folly*" handelt. Es gibt eine ganze Reihe von übernatürlichen Wesen wie die Eule in der britischen und weltweiten Folklore, die mit Orten in Verbindung stehen, an denen es tiefgründige Mysterien gibt. Wir haben bereits die schwarzen Hunde erwähnt, die einen vergrabenen Schatz bewachen. Während der nächsten

Monate erlebten wir eine Reihe von unerklärlichen Ereignissen, die sich nahe dem „*The Folly*" abspielten, inklusive schrillen Schreien und Sichtungen seltsamer Lichter über dem Gebäude. Die lauten schrillen Schreie waren nicht mit dem Ton zu vergleichen, den ein großer Raubvogel erzeugen kann und waren oft in den frühen Morgenstunden um ungefähr 3 Uhr zu vernehmen. Einmal wurden Helen und ich plötzlich von einem lauten Schrei geweckt, doch als wir aus dem Fenster auf das *Sutcliffe Buildings* schauten, um zu prüfen, ob die Eule zurückgekehrt war, sahen wir gar nichts.

Abb. 15: Im April 2011 hat der Autor etwas gesehen, das wir eine gigantische Eule aussah und über 1 Meter groß war. Sie saß in einem Baum auf dem Grundstück von „The Folly". Kurz danach begannen er und andere Leute seltsame kreischende Geräusche zu hören, die von derselben Stelle zu kommen schienen und für die es keine Erklärung gab. Die Eule verschwand noch während Nigel sie beobachtete. Dann, im April 2012, ein Jahr später, nahm er eine Reihe von Fotos vom selben Ort auf und darauf fanden sich eine Menge ORBS, die genau an der Stelle erschienen, wo damals die Eule gesessen hatte. Foto: Nigel Mortimer

Wir schauten weiter auf den Baum, aber dabei begann der Schrei schwächer zu werden und was auch immer den Ton von sich gegeben hatte, schien sich durch die *Castleberg Plantation* fortzubewegen. Und während es das tat, hörten plötzlich alle anderen Geräusche der anderen Wildtiere schlagartig auf, die wir normalerweise laut und deutlich vernehmen konnten. Erst als der Ton vorüber war, setzten auch die normalen nächtlichen Tierlaute wieder ein. Ein sehr seltsames Erlebnis. Einer der Bewohner von den Sutcliffe Buildings Apartments sagte, dass er praktisch sein ganzes Erwachsenenleben hier zugebracht hatte, aber dass dieses Geräusch ihm gänzlich unbekannt war. Er sagte auch, dass er gedacht habe, dass er „irgendwelche Dinge hört", bis ich ihm erzählte, dass wir ebenfalls den Schrei vernommen hatten.

Über Heilige Plätze werden oft Legenden von „Wächtern" erzählt, die mit diesen Orten verbunden sind. Könnte die Eule, die ich gesehen habe, ein Wächter der Sonnenuhr sein? Diese Beschützer zeigen sich oft, sobald das Interesse an den Plätzen wieder erwacht. Sie testen die Interessenten mit Hilfe psychischer Methoden und falls sie jemanden für würdig erachten, dann können sie demjenigen die Wahrheit über diesen Platz verraten.

Nahe der Vorderfront von „The Folly", über die Victoria Road, kann man die Hinteransicht der Freemasons Hall, genannt Castleberg Lodge sehen, die sich in der Chapel Street befindet. Jedes der großen Fenster ist zubetoniert worden und gibt dem Gebäude dadurch den Hauch des Geheimnisvollen.

Das Gebäude wird regelmäßig von den örtlichen Freimaurern genutzt, die sich jeden Donnerstag vor Vollmond hier treffen. Sicherlich hat dies eine okkulte Bedeutung. Eulen sind schon von jeher mit dem Mond in Verbindung gebracht worden und in den höheren Einweihungsgraden der Freimaurer in Amerika sagt man, dass frühere und jetzige Politiker Mitglieder einer Freimaurersekte sind, die sich in Bohemian Grove treffen; einem antiken Waldstrich, der eine gigantische Statue einer Eule umgibt, die „Moloch" genannt wird. Diese Eule symbolisiert in Anlehnung an die alte Mythologie von Babylon eine Präsenz, die fähig ist, alles zu sehen, während andere nichts sehen – denn die Eule kann ihren Kopf um 360° drehen. Die Tradition zeigt uns, dass um das Jahr 1600 die Eule in Yorkshire und Lancashire mit der Hexerei in Verbindung gebracht worden war und wir werden später noch sehen, wie sich die berühmten Hexen von Pendle Hill mit den heutigen, seltsamen Vorkommnissen in Settle in Verbindung bringen lassen.

Abb. 16: Die östlichen Fenster der Freemasons Hall in der Chapel Street, gegenüber von „The Folly", auf der Rückseite des Castlebergs wurden zugemauert. Foto: Nigel Mortimer

Es gab ein bestimmtes Gebäude, das sich nahe am Rande des Castlebergs befand, bevor es in den 1970er abgerissen wurde. Es handelt sich dabei um „*Town End House*", das tatsächlich einen geheimnisvollen Tunnel besaß, der das Gebäude mit dem Wald verband. Davon sind heute sogar noch Überreste zu sehen. Dies war das Zuhause des berühmtesten Sohnes von Settle: *Tot Lord (1899-1965)*.

Tot Lord hat sich sein Leben lang der Archäologie und der Höhlenforschung verschrieben und der Freilegung von Artefakten der prähistorischen Höhlenbewohner von Settle. Er besaß eine beachtliche Sammlung von Flintsteinen und Knochen, die er in der Umgebung westlich von Castleberg gefunden hatte. Und er war so erfolgreich bei seiner Suche, dass Sir Arthur Keith, der berühmte Anthropologe und Anatom auf Tot aufmerksam wurde. Er sagte über ihn: *„Sie waren ein großartiger Vorkämpfer bei dem was sie über die prähistorische Geschichte von Settle herausgefunden haben. Wir stehen alle in Ihrer Schuld."*

Tot kaufte 1949 „*Town Head Estate*" von Dr. Edgar's Witwe, welches ein großartiges Herrenhaus beinhaltete, „*Town Head*". Dort errichtete er ein kleines Museum namens „*Pig Yard Club*", in dem er all seine Archäologischen Funde ausstellte. Darüber befand sich das berüchtigte Geisterzimmer, das so genannt wurde, da man von dort in der Nacht seltsame Geräusche kommen hörte. Tot hatte in seiner Sammlung ein ganz bemerkenswertes Ding, die Überreste eines 16 Jahre alten Riesen, der stehend 8ft 6 Inches groß war und unter den Fundamenten der großen Mauer von *Buckhaw Brow* gefunden worden war. Konnte dies ein Beispiel für einen der ersten Menschen hier gewesen sein? Und falls ja, was hatte er hier in Town End zu suchen? Es gibt eine faszinierende direkte Verbindung zwischen Tot Lord und der Sonnenuhr von Settle. In seinem kleinen Buch *"The Tot Lord Town Trail"* behauptet Richard Whinray:

> *"Im Jahr 1963 interviewte die Zeitung "The Guardian" Tot, der sein Bedauern darüber ausdrückte, dass alle örtlichen Mühlen geschlossen wurden als Konsequenz des Baus der Umgehungsstraße, was auch weniger Besucher bedeutete. Tot schlug vor, dass man die alte Sonnenuhr, die größte auf der ganzen Welt, restaurieren sollte und sie nachts mit Flutlicht beleuchten, so wie den Rest des Castlebergs. Tot dachte, dass das helfen würde, Settle bekannt zu machen und haufenweise Besucher in die Stadt zu locken."*

Wenn man diese Notiz von 1963 liest, dann sieht es so aus, als ob Tot gewusst hätte, wo sich die Sonnenuhr befand und spricht darüber, als wäre es ein Klacks, sie zu restaurieren. Dabei wissen wir doch, dass die Sonnenuhr bereits über hundert Jahre zuvor plötzlich vom Berghang des Castlebergs verschwunden ist!

Das ist ziemlich seltsam und passt nicht ganz zu dem, was andere darüber zu sagen hatten. Trotzdem wusste Tot tatsächlich wo die Steine versteckt waren (vielleicht unterirdisch und immer noch vor Ort; vielleicht hatte er sie bei seinen Exkursionen gefunden?) und hatte wohl ihre Wichtigkeit erkannt. Er behauptet, dass die Sonnenuhr die größte auf der ganzen Welt sei, aber dazu müssten wir wissen, womit er sie verglichen hat. Wir wissen bereits, dass andere Historiker angegeben haben, dass sie groß genug war, um einen Schatten zu werfen, der 3 oder 4 Meilen weit reichte, aber wir wissen auch, dass dies bedeutet hätte, dass sie dazu riesige Ausmaße gehabt haben müsste. Sie hätte viel größer sein müssen als jeder andere stehende Stein, den man zu jener Zeit auf der Welt gefunden hatte. *"Die größte Sonnenuhr der ganzen Welt"* hätte mit Sicherheit viele Besucher nach Settle gelockt, zweifellos, aber diese Behauptung führt dazu, dass wir in erster Linie darüber nachdenken müssen, warum diese dann überhaupt abgebaut worden ist, wenn sie doch so ein Touristenmagnet war – außer natürlich sie hätte für etwas gestanden, wovon niemand hätte wissen dürfen?

Im April 2012 schrieb ich eine email an den Lokalforscher Richard Whinray, der über Tot Lord geschrieben hatte. Ich fragte ihn nach der Behauptung, die Tot über die Größe der Sonnenuhr gemacht hatte und bezog mich dabei auf den Artikel von 1963.

„Warum", fragte sich Tot Lord, „hat Settle nicht selbst die Sonnenuhr restauriert, um die Ehre zu haben, die größte Sonnenuhr der Welt zu besitzen? Diese war hunderte Fuß lang und in den Berghang des Castlebergs gezeichnet, wo sie den Schatten eines naheliegenden Hügels einfing, der sich zwischen 8 Uhr morgens und 12 Uhr mittags bewegte. Die Stundenmarkierungen sind irgendwann im 18. Jahrhundert entfernt worden."

Abb. 17: Town Head House um ca. 1875 mit den Bäumen der Castleberg Plantation im Hintergrund.

Von Town Head ist nichts übrig geblieben abgesehen von einigen der Außenwände und zugemauerten Tunnel, die unterirdisch in die *Castleberg Plantation* führen, heutzutage *„Tot Lord's Trail"* genannt. Wohin dieser Tunnel führt, scheint niemand zu wissen, aber er biegt nach Norden ab wenn er in den Wald hineinführt und zwar in Richtung des südlichen Berghangs. Und er wurde auf einer Länge von ca. 200 Metern auf dieser Strecke aufgefüllt. Ein Tunnel, der nirgendwohin führt!

Abb. 18: Der Eingang zu Tot Lord's House, Town End, Settle. Er wurde vor über 30 Jahren zerstört, um Platz zu machen für die Sozialwohnungen, die heute hier stehen. Eine Anzahl von Tunneleingängen und versteckten Türen existieren auf dem Gelände, einer davon führt in die Wälder der Castleberg Plantation. Foto: N. Mortimer

6 Der Kampf um das Recht „zu Wissen"

In den Sommermonaten von 2011 unternahm ich mehrere Ausflüge an den südlichen Berghang des Castlebergs, mit der Absicht, den Verbleib der Sonnenuhr auszukundschaften. Ich wusste, dass ich wahrscheinlich keine physischen Beweise der Stehenden Steine, flachen Steine oder was auch immer finden würde. Und dies erwies sich leider im Nachhinein als Tatsache. Bei meinem ersten Besuch stellte ich fest, dass, falls irgendwann einmal etwas mit bloßem Auge zu sehen gewesen war, dies jetzt nicht mehr der Fall ist, da die Reste der Sonnenuhr möglicherweise inzwischen vergraben wurden. Doch davon habe ich mich nicht abschrecken lassen. Ich hatte zwei Werkzeuge dabei, um die Sonnenuhr zu finden. Das eine war meine Wünschelrute und das andere mein Versuch, auf spiritueller

Ebene mit den Geistern in Kontakt zu treten, die möglicherweise in der Vergangenheit mit der Sonnenuhr in Verbindung gestanden hatten.

Im Laufe der Zeit hatte ich einige fantastische Erfolge bei der spirituellen Suche, indem ich diese Methode einsetzte, um Informationen zu erhalten, die ich mit den normalen fünf Sinnen nicht bekommen hätte. Zum Beispiel habe ich 1989 einen verlorenen Steinkreis wieder entdeckt, den man heute als *Backstone Circle* von Ilkley Moor kennt und einen großen, aber vergessenen stehenden Stein, genannt *„Theif Thorne"*. Das war etwa zur selben Zeit. Und alles nur mit meiner Wünschelrute, durch Träume und die Methode des Channeling. Ich hatte auch ein paar Misserfolge, also erwartete ich nichts, nahm aber alles was ich bekommen konnte dankbar an.

Begegnung in den Wäldern

Im August 2011 machten Helen und ich uns auf den Weg zum Ende des südlichen Berghangs und an einer Stelle nicht weit von der Rückseite der Zion Church beschloss ich, die Rute und das Pendel zu benutzten, um zu sehen, ob ich irgendein Zeichen für die Anwesenheit der Sonnenuhr-Steine erhalten konnte. Was als nächstes geschah, ganz unerwartet, wird hier berichtet und ist von dem Videofilm übernommen, den wir damals gemacht hatten:

Helen: „Die Bäume hier stehen in einem bestimmten Muster und wir glauben, dass es hier ist, wo auch die Steine vergraben sind. Sieh nur den Unterschied, wenn man aus dem Baumkreis heraustritt, dann bewegt sich das Pendel vor und zurück, während es innerhalb des Kreises ebenfalls im Kreis schwingt. Das ist ein Indiz dafür, dass hier definitiv etwas vergraben ist. Nigel versucht sich jetzt mental einzuklinken und zu sehen, ob er sich mit etwas verbinden kann, das mit diesem Bereich verbunden ist."

(Nigel schließt seine Augen und steht ganz ruhig in der kleinen Lichtung.)

Nigel: „Ich fühle ein Wirbeln um mich herum, wie wenn ich in einem Nebel stehen würde. Es ist seltsam, ich würde sagen, ich befinde mich im Jahr 1780 oder um diesen Dreh…

Ich spreche mit jemandem, der sich Jeremiah nennt und der auf mich zukommt. (Nigel winkt den unsichtbaren Geist zu sich her) Er kommt jetzt auf mich zu und er möchte mit mir über etwas sprechen, über das wir uns vorhin unterhalten haben... nein, er lacht und schüttelt den Kopf als wäre er betrunken. Er ist sehr dünn und trägt Koteletten wie Amos Brearly (eine Figur aus der Fernsehserie Emmersdale Farm), jetzt schaut er mich an, er versucht etwas zu sagen..."

Jeremiah: „Du weißt, dass das was Du hier machst nur ein Witz ist. Es ist nicht real, es war nie etwas hier...vergiss es, es war ein Witz, es ist nichts hier! Es war immer nur ein Witz, der große Hügel, der hat nie existiert..."

Nigel: „Ich frage ihn, ob er sicher ist, weil ich ihm nicht glaube und ich sage ihm, dass ich die Energie der Sonnenuhr hier fühlen kann, und jetzt wird sein Gesicht ganz grau... er sagt uns, wir sollen verschwinden, Helen, er wird ungezogen und versucht, etwas zu verstecken. Er ist nicht mehr lustig oder ausgelassen, sondern garstig und sagt uns in einem seltsamen Akzent, dass wir von hier verschwinden sollen. Es hört sich nicht an wie ein Yorkshire Dialekt, es klingt nicht wie „clear off" sondern wie „claroff, claroff, claroff!"

Nigel: „Er springt auf und schlägt mich mit seiner Hand, als ob er in die Luft boxt und ich sage ihm „Wir sind hier, um es herauszufinden, und Du gehörst in diese andere Zeit" Er stampft mit dem Fuß auf wie ein kleines Kind und rennt um die Bäume herum. Ich bitte Helen, die Kamera auf die Bäume hinter mir zu richten."

Nigel: „Er sagt zu mir „Fehlfunktion". Genau, das sagt er zu mir, aber woher kennt er dieses moderne Wort? Ich trete zurück und klinke mich aus. „Ich glaube nicht, dass er aus dieser anderen Zeit stammt. Ich glaube, er ist etwas ganz anderes. Dann sage ich zu Jeremiah „Fehlfunktion ist kein Wort, weißt Du?" Sekunden verstreichen und es bleibt ruhig. Er ist einfach gegangen ohne zu antworten. Ich bitte Helen, in den Baumkreis zu treten und es ist sehr kalt."

Helen: „Man spürt genau den Unterschied innerhalb des Kreises. Es ist sehr kalt und ungemütlich."

Nigel: „Ich spürte, dass er nicht der war, der er behauptete zu sein, als er mir seinen Namen nannte. Ich muss sagen, ich fühlte, dass es noch andere Plätze wie diesen hier an dem Berghang hab und dass der hier nicht der einzige ist. Mir wurde gesagt (von einem Geist dieses Ortes), dass die Steine vergraben worden sind und sie kleine Ansammlungen von Bäumen auf dem Hang gepflanzt haben, um sich an die Stelle zu erinnern, wo sie einst gestanden hatten."

Nigel: „Ich bin nicht froh darüber, aber ich muss Dir was sagen. Jeremiah (oder wer immer er war) hat mich mental bedroht. Er will, dass ich diesen Ort in Ruhe lasse und ich glaube, er war einer von denen, die die Sonnenuhr damals versteckt hat. Er hat mir gesagt, wenn ich ihn nicht ernst nehme, wird er mich verfluchen!"

Helen: „Dich verfluchen? Aber wie ist das möglich?"

Nigel: Ich hielt mich an einem Baumstamm fest, um nicht umzufallen und fühlte mich immer noch schwindlig und desorientiert. Ein Unwohlsein überkam mich und ich sagte zu Helen „Ich glaube, ich werde krank..."

Wir gingen den restlichen Sommer über nicht mehr zu dem Berghang des Castlebergs und meine Aufmerksamkeit war völlig abgelenkt davon, die Suche nach der Sonnenuhr fortzuführen. Ich war damit beschäftigt, in ein neues Haus in Settle umzuziehen. Ich beschloss, mit dem Rauchen aufzuhören und freute mich über einen besseren Gesundheitszustand als der nasse Herbst da war. Ich fühlte mich privilegiert, da ich jetzt genau unter dem Gipfel des Castlebergs in den wundervollen Yorkshire Dales wohnte. Jeglicher Gedanke an den Fluch, den diese dunkle Wesenheit namens Jeremiah über mich ausgesprochen hatte, war schon lange vergessen und Helen und ich freuten uns auf unser erstes gemeinsames Weihnachtsfest im neuen Haus.

Abb. 19: Der Autor Nigel Mortimer im Sommer 2012, an der Stelle am südlichen Berghang, wo Helen einen hufeisenförmigen Baumbestand entdeckt hat. Schwach und kränklich wie er sich fühlte, versuchte er ein Wesen namens Jeremiah zu channeln, der behauptete, ein Teil der Gruppe zu sein, die in den Jahren um 1700 die Steine versteckt hatte. Und er warnte Nigel, daß wenn er die Suche nach der Sonnenuhr fortführen würde, er ihn verfluchen würde! Foto: Nigel Mortimer

Abb. 20: Helen, die Frau des Autors, sucht im Sommer 2011 nach dem Standort der Stehende Steine mit Hilfe eines Pendels und einer Wünschelrute. Positive Ausschläge gab es an verschiedenen Stellen, aber leider keine offensichtlichen Hinweise für die physische Anwesenheit der Steine. Foto: Nigel Mortimer

Es war etwa Ende Oktober 2011, als ich bemerkte, dass ich immer schwerer Luft bekam und jeden Tag heftiger atmen musste, um genügend Luft in die Lungen zu bekommen. Zur selben Zeit bemerkte ich, dass ich mich generell sehr schlecht fühlte, als ob ich Fieber hätte, aber ich hatte keine Erkältung. Das waren sehr seltsame Symptome für mich, die ich noch nie zuvor gehabt hatte. Zunächst machte mein Arzt einen Bluttest nach dem anderen, um die Ursache dafür festzustellen und ich war frustriert, da ich annehmen musste, dass der Arzt eine psychische Ursache für meinen Zustand vermuten würde. Im Dezember kam dann der Schock. Es ging mir plötzlich sehr schlecht und das Atemproblem wurde der Mittelpunkt des Tages für mich. Jeden Tag ging es nur darum, genügend Luft zu bekommen und jede Nacht, in der ich nicht nach Luft japste, war schon wie ein Bonus für mich.

Der Winter brachte mir ein leeres Gefühl des Ausgehöhltseins und des permanenten Frierens, mit dem mein Körper versuchte, zurechtzukommen. Und ich verbrachte Wochen damit, ständig meinen Arzt aufzusuchen und das örtliche Krankenhaus, die beide versuchten, herauszufinden, was ich für eine Krankheit hatte. Weihnachten kam und ging ohne jegliches Fest für mich und Helen. Ich war so krank, dass ich nicht zu meiner Familie reisen oder meine Freunde über die Feiertage besuchen konnte. Ich befürchtete ernsthaft, nie wieder gesund zu werden. Zwischen Januar und März 2012 kam ich sechs Wochen lang überhaupt nicht aus dem Bett und Helen wurde zu meiner Krankenschwester. Ich war so schwach, dass ich ständig daran denken musste, was sie wohl tun würde, wenn ich jetzt sterbe. Ich fühlte mich wirklich verängstigt und hilflos zugleich und war sicher, dass ich sterben würde. Eines Tages Anfang Februar 2012 beschloss ich zu versuchen aus dem Bett zu kommen. Ich war immer noch sehr schwach, aber etwas in meinem Kopf zwang mich dazu, es dennoch zu versuchen.

Es war als würde ich einer fremden Stimme zuhören, die mich besser kannte als ich mich selbst. Ich ging erneut zu meinen Ärzten und dieses Mal zeigten die Tests, dass ich eine ganz üble Magen-Infektion hatte, mit einem Virus, der erst 1987 entdeckt worden war. Meine Atemprobleme waren von den Bakterien verursacht worden, die große Mengen Gift in meinem Körper produzierten, was meine Lungen angriff und sie mit Schleim füllte. Während ich das schreibe ist es April 2012 und ich bin immer noch nicht ganz gesund, aber auf dem Weg zur Besserung und ich kann leichter atmen. Ein Licht am Ende des Tunnels!

Mitte April 2012 besuchte ich den Berghang erneut und fühlte mich stark genug, mich mit dem Gedanken zu beschäftigen, dass möglicherweise eine Übernatürliche Kraft mich mit meiner Krankheit verflucht hatte.

Vielleicht hatte diese Krankheit, an der ich litt, auch überhaupt nichts mit dem Fluch zu tun, den Jeremiah über mich gesprochen hatte, sondern es war einfach ein schlechtes Timing und alles wäre sowieso passiert. Wer weiß? Eins ist aber sicher: ich war dermaßen krank, dass es tatsächlich eine Bedrohung für mich darstellte. Ich hatte gegen die Krankheit gekämpft und fühlte eine neugewonnene innere Stärke, um das alles durchzustehen. Obwohl mein physischer Körper geschwächt war, wurde mein Geist gestärkt und ich war jetzt bereit dazu, mich mit jeder übelwollenden Kraft anzulegen, die mich von meiner Suche nach der Sonnenuhr abbringen wollte.

7 Die Suche nach der Sonnenuhr

„Die alte Geschichte ist ein guter Anfang dafür. Haben Sie bemerkt, dass vor über 300 Jahren alle unsere alten historischen Texte redigiert worden sind, weil dort übernatürliche Ereignisse beschrieben wurden?"

Warum finden wir es so schwierig, uns die Möglichkeit vorzustellen, dass die Sonnenuhr von Settle tatsächlich eine Art geistiges Tor, ein Eingang in eine andere Dimension, war? Vielleicht, weil uns das Wort „Stargate" an den gleichnamigen Film oder die Serie erinnert? Aber die Idee, dass „Stargates" echt sind, ist nicht neu, wir können Spuren davon bis ins Alte Ägypten und nach Babylon zurück verfolgen, das heute ein Teil des modernen Irak ist.

Das echte Konzept eines Sternentores wurde uns 1992 von Mark Roberts bei einer UFO Konferenz in Arizona, USA näher gebracht. Was ist ein Sternentor? Das Wort „Sternentor" ist zu einer Vermischung von Fiktion und Realität geworden. Das „Stargate" aus dem Kino war ein uraltes interdimensionales Zeittor in den Kosmos – das mit dem Wissen über alte Handschriften und Sternenkonstellationen geöffnet werden konnte.

Das wirkliche Sternentor ist eine uralte Darstellung eines kosmischen Portals, das an den Eingang einer Höhle gemalt war und eine der ältesten Darstellungen einer Konstellation, die man als die „Plejaden" kennt.

Die Sternenkarte und andere antike Zeichnungen und Funde aus der Höhle haben uns den Schlüssel dazu gegeben, die 40 Jahre langen Studien wie Feldarchäologie mit einem alten Alphabet, den ägyptischen Hieroglyphen, zu verbinden. Historische Symbole für das Sternensystem Sirius, der von den alten Ägyptern in der Sternengottheit *Sothis* verehrt wurde. Und es gab sogar Verbindungen zu noch viel älteren Kulturen, die direkt mit der Basis der kosmischen Besucher verknüpft waren, die beim Erblühen der Antike auf der Erde angekommen sind. Das fiktive Sternentor bot einen physischen Durchgang für die Menschen, um hindurchzutreten – heutzutage hat das echte Sternentor nur einen mentalen Durchgang zu bieten. Ein Portal für den Geist, das ihm das Mittel bietet, in einen erweiterten Geist einzutreten, ganz nach Art des von der Zirbeldrüse aktivierten Zeit-Raum-Weges.

Welches ist der wichtigere Weg? Ein körperliches Sternetor oder eines, durch das wir nur im Geiste reisen können wohin wir wollen? Wenn wir an den enormen Energieaufwand denken, den wir heutzutage benötigen, um durch unser reales dreidimensionales Universum zu reisen, dann wäre die zweite Wahl wohl unser Sieger. Stellen Sie sich nur vor, wie es wäre, das Universum zu durchqueren und in verschiedene Multidimensionale Zonen zu blicken, rein durch das geistige Auge. Das Dritte Auge erlaubt es uns, wenn es einmal richtig begonnen wurde, in wenigen Schritten von unserer Welt in eine andere zu treten mit nur einem geringen Energieaufwand.

Das künstlerische Konzept vom Aufbau des Sternentors sieht aus als wäre es von der Filmversion adaptiert, eine futuristische Konstruktion in Form eines Rades mit Hieroglyphen ringsum, die ein Gegenstück auf der „anderen Seite" besitzen. Die Wahrheit ist, dass solange wir kein echtes, funktionierendes greifbares Portal wie in dem Film gebaut haben, es keinen Grund gibt, warum ein solches Portal überhaupt eine physische Struktur besitzen sollte. Könnte es sein, dass wir hier denselben Fehler begehen wie bei den Steinkreisen, indem wir dem äußeren Anblick viel mehr Beachtung schenken und dabei vergessen, dass diese Steine lediglich eine Markierung für ein echtes, unsichtbares Tor darstellen? Wenn wir mental durch das Tor reisen, dann besteht keine Notwendigkeit, unsere Körper auf diesen Trip mitzunehmen.

Lassen Sie uns für einen Moment annehmen, dass wir „wissen", dass die Portale wie das „unsichtbare Portal" wirklich existieren und dass wir versuchen, durch eines zu reisen. Wir haben unsere Zirbeldrüse aktiviert und befinden uns in einem seltsamen Trancezustand, der alle Verbindungen zu unserer dreidimensionalen Wirklichkeit verflüchtigen lässt und projizieren uns selbst auf den Punkt, an dem die Steine das Sternentor markieren. Was passiert als nächstes? Nun, um ehrlich zu sein, ich weiß es nicht, ich bin bisher nicht absichtlich in andere Dimensionen gereist, aber ich hatte ein ähnliches Erlebnis (das plötzlich und ohne Vorankündigung passierte) während ich in den späten 1980er Jahren in einem Steinkreis in Ilkley Moor meditierte.

„Die Stehenden Steine von Backstone Circle standen still und wachten über die schlafende Gemeinde von Ilkley. Ich stand innerhalb dieses Steinkreises und tief in meinem Inneren hörte ich eine Stimme, die mir sagte, dass ich vor mir in die Luft sehen sollte. Ohne bestimmte Erwartungen sah ich hin, als plötzlich ein warmes und vibrierendes Leuchten sich im Himmel formte und sich in ein glänzendes goldenes Schwert verwandelte, das hinunter auf den Boden zeigte, auf dem ich stand.

Verwundert starrte auch auf die Vision des Schwertes, die umgeben war von einer orangenen Sphäre, die sich deutlich von der umliegenden Landschaft abhob. Dieser Anblick verblasste schrittweise während ich meine Augen an das Glänzen des Schwertes gewöhnte, das jetzt so real war, dass ich glaubte, ich könnte es ganz leicht erreichen und anfassen. Als ich am 30.01.1991 den Pfad durch die Moorlandschaft entlangging, der neben der Schlucht auf beiden Seiten des „Backstones Beck" verläuft, dachte ich über meine Vision nach. Ich fragte mich, warum das Schwert zu mir gekommen war und was war sein Zweck?"

Was tatsächlich im Backstone Circle geschah, steht in meinem Buch „The Circle & The Sword"/„Der Steinkreis und das Schwert (Kapitel: The Call of the Backstones/Der Ruf der Backstones) und ich denke, ich muss hier nicht alles wiederholen, aber es geht hauptsächlich darum, dass ich den *Backstone Circle* durch mediale Wege wiederentdeckt habe. Ich hatte eine Vision während in einige Monate später in dem Steinkreis stand.

Abb. 21: Der Autor hat auch den Backstone Circle im Ilkley Moor 1989 mit Hilfe des Rutengehens und der Hilfe von Interdimensionalen Wesen entdeckt. Foto: Nigel Mortimer

In den frühen 1990ern waren Behauptungen von magischen und symbolischen Schwertern in ganz England gang und gäbe und 1991 gab es auch Berichte von Menschen, die Stehende Steine visualisierten und Träume von antiken megalithischen Stätten hatten. Sprach die Erde zu uns, wie manche es sich wünschten, oder gab es einen anderen Grund? Könnte das Schwert eine Manifestation des Geistes sein, die real geworden war oder war ich es, der die Energien des Steinkreises auf diese Weise wahrnahm, die sich hier im Kreis angehäuft hatten? Vielleicht war *Backstone Circle* sogar selbst ein Portal in eine andere Dimension?

Im September 1991 während einer Gebetsrunde in der Kirche, verbrachten die Mitglieder der Kirchengemeinde einen Teil der Stunde damit, Gottes Absichten für die Zukunft zu ergründen. Sie suchten eine Vision für den Weg nach vorn, einen Zweck für die Kirche und ihre wahre Bestimmung in den kommenden Jahren. Was ich damals nicht wusste, war, dass sie nach einer echten Vision gesucht hatten, und diese kam zu ihnen in der Form eines Schwertes. Der Hilfsgeistliche, Tony Kidd, hatte vor seinem geistigen Auge ein Schwert gesehen, das sich durch das Dach des Gebäudes schob, sanft nach unten schwebte und sich selbst in den Boden des Hauptganges versenkte. Tony schrieb:

„Das Schwert hatte eine doppelte Klinge und war golden, es war glänzend poliert und leuchtete in einem extrem warmen und strahlenden Glanz. Das Schwert schien beinahe lebendig zu sein, so warm war seine Farbe und Beschaffenheit."

Seine Beschreibung erinnerte mich daran, wie 1980 ich meine eigene Sichtung eines UFOs beschrieben hatte: wie etwas, das lebendig war. Visionen desselben Schwertes wurden danach mindestens dreimal in dieser Kirche gesehen. Eine bestimmte Vision ereignete sich im Juli 1992 und wurde von anderen Führungspersonen der Kirche gesehen. Vikar Peter Marshall und Priester Nick Tucker waren an jenem Tag schon früh wach, mit dem Gefühl, dass eine Stimme zu Ihnen sprach über das Schwert. Diese Quelle übermittelte ihnen, dass diese Vision von äußerster Wichtigkeit war und dass Ilkley ein Platz sei, der für die Entwicklung einer spirituellen Wiedererweckung auserkoren war. Beide hörten die Worte „Beginnt hier" und wussten, dass diese wichtig sind.

Peter Marshall versuchte, die Schwertversion zu enträtseln. Er dachte, dass das Herabsteigen des Schwertes von oben, seine Quergriff und das Erscheinen im Zentrum der Kirch offensichtliche religiöse Bedeutung hatte. Er wusste zu diesem Zeitpunkt nichts von meiner eigenen Vision beim *Backstone Circle*, weniger als eine Meile von dem Ort entfernt, an dem Gott zu ihm gesprochen hatte. Damals fragte ich mich, was das für ihn bedeuten würde. Würde er es akzeptieren können, dass dieselbe Version auch von jemandem empfangen worden war, der nichts mit dem Haus Gottes zu tun hatte? Von jemandem, der seine Vision in einem heidnischen Steinkreis erhalten hatte? Ich war mir ziemlich sicher, dass er keine Ahnung davon hatte, dass seine Kirche auf einem Grund stand, an dem im März 1982 eine andere UFO Erfahrung gemacht worden war.

Rückblickend denke ich, dass wir den gemeinsamen Nenner der Visionen damals nicht erkannt haben. Die beiden Orte an denen sie erschienen sind, waren beides heilige Stätten und Orte der Anbetung. Beide waren antik und beide standen auf einem Kreuzungspunkt der Gitternetzlinien der Erde – also beides mögliche Kandidaten für ein Sternentor! Es war nicht so sehr das Schwert, das bei der Vision erschienen ist, sondern die Tatsache, dass die Erscheinungen an gerade diesen Stellen aufgetreten sind. Die Mentale Botschaft von Ilkley war „Beginnt erneut hier…" und man hätte hinzufügen sollen „und dieses mal richtig!". Sagte nicht bereits Jesus *„Ich bin das Licht der Welt und durch mich werdet ihr in das Himmelreich gelangen."*

Abb. 22: Vision des Goldenen Schwertes, die der Autor im Backstone Circle, Ilkley Moor, hatte. Bild: Nigel Mortimer

Was auch immer die wahre Bedeutung der Schwertvision im Backstone Circle ist, ich zweifle nicht daran, dass meine Wiederentdeckung, die Vision und andere seltsame Ereignisse zu jener Zeit nicht nur Zufall waren.

Portale sind wie Fenster (tatsächlich bezeichnet die Forscherin des Übersinnlichen, Jenny Randles diese Plätze als „Fensterflächen", wo ein Schleier die physische von der unsichtbaren Realität trennt und wo all diese seltsamen Dinge geschehen) Der Schlüssel, um diese Fenster zu öffnen, liegt in der Psyche eines jeden Menschen. Man muss kein Heiliger oder Prophet sein, um Zugang zu dieser anderen Realität oder Dimension zu erlangen, nennen Sie es wie Sie wollen, man muss sich nur umschauen und nicht auf die hören, die sagen, dass es unmöglich ist (da es möglich sein wird) und an sich selbst glauben. Die Wissenschaft wird jeden Tag erneut auf den Kopf gestellt und da sie sich nicht von ihren alten Doktrinen befreien kann, ihren althergebrachten falschen Wahrheiten und wiederholten Unsicherheiten, lässt sie freudig das Ego der Menschen jegliche Hoffnung darauf beschränken, endlich das Neue Zeitalter zu betreten.

Irgendwann in den frühen 1990ern auf der anderen Seite von Leeds, West Yorkshire (etwa 15 Meilen von Ilkley Moor entfernt) erhielt das okkulte Medium Phil Hine eine Nachricht des Übersinnlichen:

„Etwas wurde erweckt, etwas, das seit tausenden von Jahren im Schlaf gelegen hat und es kann nun von jedermann im Moor über Ilkley gefunden werden."

Ihm wurde in dieser Nachricht mitgeteilt, dass der neugefundene Steinkreis ein Tor war, eine Verbindung zwischen dieser Welt und einer anderen. Und diese, die ihn benutzten, wollten unsere Welt betreten! Hine hatte keine Ahnung davon, dass *Backstone Circle* gerade erst wieder mit übersinnlichen Methoden gefunden worden war und ich kannte ihn auch nicht zum damaligen Zeitpunkt. Die Gültigkeit seiner Vorhersage *„ein neu gefundener Steinkreis ist ein Durchgang"* bekräftigt die sehr seltsamen aber wahren Dinge, die mir vor über 15 Jahren zugestoßen sind.

Dann, im Juni 1991 wurde Paul Bennet Zeuge einer seltsamen Erscheinung in den stehenden Steinen in dem Steinkreis. *„Geisterhafte, gestaltlose Erscheinungen schienen sich schnell zwischen den Steinen des äußeren Kreises hin und her zu bewegen, um sich dann in einen Strudel aus purem blauen Licht zu verwandeln, die sich spiralförmig in den Himmel hinein bewegten."*

Eine Woche später spazierten zwei Teenagermädchen am *Backstone Circle* entlang und waren fasziniert von dem orangefarbenen Lichtball, der bei hellem Tageslicht niedrig im Himmel hing – aber es war nicht die Sonne. Und dies war das erste einer Reihe von immer wiederkehrenden Erlebnissen, die sich an diesem rätselhaften, alten Platz ereigneten. Es schien als hätte sich ein unsichtbarer Durchgang geöffnet und alle möglichen seltsamen und wundervollen Dinge würden hindurch kommen und sich in unserer Realität manifestieren, aber nicht als Geister, sondern als tatsächliche, greifbare Lebensformen, die wir als „Besucher" bezeichnen können.

Meiner Meinung nach könnten Portale und Sternentore viele Formen annehmen und müssen nicht unbedingt mit einem Steinkreis zusammenhängen. Erinnern Sie sich daran, dass die Steine von den Frühmenschen nur als Markierungen benutzt worden sind und zwar als ziemlich gute, weil sie die Zeiten überdauert haben. Aber es gibt noch andere Plätze, die weniger bekannt dafür sind, dass sie heilig sind.

Und über diese Plätze stolpern besonders oft die sensitiven Menschen, die diese Orte dann „spezielle Orte" nennen. Wir alle haben unsere „besonderen Orte", wunderschöne Landschaften, ein Strand am See, eine schattige Waldwiese, überall wo die Natur noch unverfälscht und unverdorben vom Menschen existiert. Ich glaube, dass einige dieser Stellen Portale sind. Hinweise darauf sind die Assoziationen dieser Plätze mit seltsamen Besuchen über eine längere zeit. 1934 schrieb der örtliche Geschäftsmann Nicholas Size über seine Erfahrung in Ilkley Moor in der Nähe des Backstone Circle:

„Das Gefühl, dass ich schon einmal dort gewesen bin im Ilkley Moor, hat mich beschäftigt und zu der Zeit habe ich die Literatur der Theosophischen Gesellschaft gelesen und erfahren, dass viele andere Leute zu unterschiedlichen Zeiten meine Erfahrungen am einen oder anderen Platz geteilt haben, von dem sie dachten, dass sie ihn schon einmal gesehen hätten, obwohl sie definitiv zum ersten Mal dort waren. Die Theosophen erklären dieses Phänomen damit, dass sie den bestimmten Ort in einer früheren Inkarnation schon einmal gesehen haben und man kann sagen, dass diese Ansicht auch von anderen Völkern wie in Indien und anderswo geteilt wird. Außerdem vermuten die Theosophen, dass zeitweise unsere eigenen Geister (Seelen) neue Plätze in Träumen besuchen und sich nur teilweise daran erinnern, so dass wenn sie die Plätze dann erstmals besuchen, sie sie dann tatsächlich schon auf gewisse Weise kennen."

Vielleicht ist das ganze Ilkley Moor ein großes Portal und deshalb gibt es hier so viele antike Stellen, Felsen mit Tassen & Ring-Gravur, Steinkreise und Stehende Steine? Wenn wir annehmen, dass dieses Gebiet mit einem Portal oder mehreren Portalen verbunden ist, dann sollten wir auch in der Umgebung von Settle ähnliche landschaftliche Hinweise finden

Eine Frage des Betrachter oder alles nur Einbildung?

Es gibt eine Legende, die das Moorland um Bingley betrifft, ca. 30 Meilen von Settle entfernt, am Fluss Aire auf der Seite des Ilkley Moor. Und zwar die Sage von Athelstan, König von England im Jahr 920 n.Chr. Er hatte Yorkshire auf dem Weg zu dem berühmten Krieg von Brannanburg besucht, wo er König Constantine von Schottland siegreich geschlagen hatte und auch die Horden dänischer Plünderer. Der Forscher Paul Bennett zeigte, dass es Namensverbindungen gab zwischen diesen rätselhaften Personen und einige auch in den Straßen und Grenzsteinen gefunden werden konnten, die heute noch existieren, wie Athenstan's Lane in Otley und The Athel Stone in Harden Moor in der Nähe von Keighley.

In seinem Gefolge befand sich auch sein Ziehsohn Haakon, der von seinem Vater König Harold Schönhaar von Norwegen nach England geschickt worden war. Haakon war nur ein junger Teenager, der seine royalen Verpflichtungen in Norwegen erfüllen musste, nachdem sein berüchtigter Bruder Erik Blutaxt den größten Teil seines Heimatlandes mit Habgier und Gewalt geplündert hatte.

Abb. 23: Statue von Haakon dem Guten, dessen Geist vom Autor gechannelt wurde als Hilfe auf der Suche nach der Wahrheit. Foto. Gary Hubert, mit freundlicher Genehmigung

Haakon verachtete die brutale Rolle, die sein Bruder und dessen Frau Gunnhild von Dänemark dem Land Norwegen aufgezwungen hatten und schwor Rache. Er wendete sich von der heidnischen Zauberei ab, die der bösartige Eric und Gunnhild praktizierten. Als er als König von Norwegen in sein Land zurückkehrte, wurde Haakon von seinem Volk geliebt, das kam, um ihn als Haakon den Guten zu preisen. Es schien, dass sie Athelstan das alles zu verdanken hätten, der ihn in seiner Jugend an Sohnes Statt angenommen hatte und ihm beigebracht hatte, wie sich ein König verhielt, der zwar noch zum Teil Heide war, aber weiser als andere Könige, begann, die christlichen Lehren ebenfalls anzunehmen.

Athelstans Gerichtshof in Wessex oder York war der Ort, an dem Haakon von Athelstan getauft wurde; und er wurde so von seinem Ziehvater geliebt, dass er ihm ein prunkvolles Schwert überreichte, das nur ihm alleine dienen sollte.

Dieses Schwert ist interessant. Es war eine der heiligen Reliquien, die Athelstan angeblich aus ganz Europa eingesammelt hatte. In der nordischen Sage steht geschrieben, dass „es das großartigste aller Schwerter war, das Norwegen je gesehen hat und so mächtig, dass es einen harten Felsen zerteilen konnte, mit nur einem einzigen Schlag."

Hier haben wir eine mögliche Verbindung mit König Arthurs magischem Excalibur – dem Schwert, das dem Kindkönig von Merlin übergeben wurde. Haakons Schwert hatte auch einen Namen, der zu seiner Zeit berühmt war. Es wurde „Quernbiter" (sprich „Kernbitter") genannt. Der Legende nach konnte Haakon damit einen „Quern" spalten, eine Art runden Mahlstein, und zwar mit einem einzigen Schlag und so genau, dass er jedesmal das Zentrum des Steines traf.

Es wäre ein interessanter Gedanke, sich vorzustellen, dass es damals tatsächlich ein solches Schwert gegeben hat, das die außerordentliche Macht hatte, diese unmögliche Leistung zu erbringen. Daher sollten wir uns diese Legende näher anschauen, die möglicherweise eine symbolische Erklärung für etwas ganz anderes gewesen ist? Schwerter wurden dargestellt als die Bewahrer von Wahrheit, Stärke, Rechtschaffenheit und dem Guten; alle Qualitäten, die der Besitzer gerne selbst verkörpert hätte. Wir sehen das ganz klar an Haakons Schwert, das genau den Mittelpunkt zerteilt. Gemäß dieser Denkweise könnten wir sagen, dass der Mittelpunkt das Dritte Auge symbolisiert, das Zentrum des intuitiven Wissens, das allwissende Auge.

Schließlich machte Athelstan York zum Zentrum seiner Herrschaft. Heute, an einem klaren Tag, kann man die Türme der Kirche von der Anhöhe von Ilkley Moor aus sehen. Leider gibt es keine historischen Aufzeichnungen, die beweisen, ob Athelstan jemals Ilkley Moor besucht hat, aber es scheint wahrscheinlich, dass er mit der Wharfdale Region gut vertraut war. Vor dieser Zeit war dort eine wichtige römische Garnison in Otley und Ilkley, später haben sich Angelsächsische und Wikingergemeinden in den Tälern von Yorkshire ausgebreitet.

In Ilkley Church gibt es drei wunderschöne gemeißelte Steinkreuze (die sich jetzt im Inneren der Kirche befinden), die auf 770-870 n.Chr. datiert werden. Die hohe Qualität dieser Arbeit lässt vermuten, dass dieser Ort vor der Wikingerzeit einem Kloster gehört hat. Wir können die Verbindung zwischen dem Gebiet um Bingley und der Legende um Haakon und seinem Schwert nicht einfach ignorieren.

Das Dritte Auge

Egal wie rätselhaft wir die Geschichte von König Haakon finden, es ist das Symbol des Schwertes und seine Verbindung mit dem Ilkley Moor, das wirklich faszinierend ist. Das echte Schwert ist angeblich in der Schlacht bei Pentland Firth verloren gegangen, eine unbedeutende Schlacht nur, die aber bedeutend ist hinsichtlich der geschichtlichen Aufzeichnung, die besagt, dass Haakon in seine Heimat zurückgekehrt ist als König Haakon der Gute.

Es existieren heute noch Gesetze in Norwegen, die von Haakon stammen, so weise war er, so weitsichtig, dass er seiner Zeit weit voraus war. War er im Besitz von okkultem Wissen, das es ihm ermöglichte, andere auf so positive Weise zu beeinflussen? Oder konnte er mit seinem Dritten Auge Dinge sehen, die andere nicht verstehen konnten? Wir wissen, dass die Zirbeldrüse der Vögel und auch anderer Tiere magnetische Partikel beinhaltet. Es ist das Zentrum der Navigation.

Falls die Zirbeldrüse der Menschen tatsächlich ebenfalls magnetisches Material beinhaltet (Forscher prüfen das), dann könnte sie ebenfalls für Navigationsprozesse benutzt werden. Magnetische Prozesse laufen subtil ab und könnten Teil des unbewussten Navigationssinnes des Körpers sein. Forscher glauben, dass die Zirbeldrüse ein Magnetempfänger ist, der Magnetfelder ausmachen kann und so den Körper im Raum stabilisieren kann. Möglicherweise erlaubt sie dem Körper sogar Vibrationsfrequenzen wahrzunehmen wie eine Art sechster Sinn. Elektromagnetische Felder

(EMF) unterdrücken die Aktivität der Zirbeldrüse und reduzieren die Melatoninproduktion. Deshalb gibt es Bedenken hinsichtlich der EMF, die von Mobilfunk produziert werden und anderen Mikrowellenantennen, die möglicherweise unsere latenten Fähigkeiten der Melatoninproduktion beeinträchtigen oder blockieren.

Abb. 24: Der Autor demonstriert einem Live-Publikum wie man ein den ZEIT-RAUM aktiviert und gechannelte Informationen von Wesen erhält, die in jener Realität Zuhause sind. Die dabei produzierte Lichtform-Energie wurde mit der Kamera festgehalten. Foto: Nigel Mortimer

Medien, die bei den *Twelve Apostles* und *Backstone Circle* meditiert haben, haben festgestellt, dass dort eine wunderbare Frequenz oder Vibration herrscht, wenn sie sich physisch an einer bestimmten Stelle in den Steinkreisen befinden. Sie behaupteten, dass es eine tolle Art ist, alle Energiewirbel zu aktivieren: Drüsen und Chakren. Die Körpereigene Energie strömt hinaus und trifft sich mit Wellen anderer Energien und man erreicht auf diese Weise eine größere Harmonie mit dem Kosmos.

Diese Wellen sind Schwingungen und selbstverständlich sind die natür-
lichsten Schwingungen diejenigen, die direkt aus der Natur selbst kommen. Wenn sich unser Bewusstsein einmal allen Möglichkeiten geöffnet
hat, dann ist alles möglich und alles kann verwirklicht werden. Wir haben
gerade erst begonnen zu verstehen, wie wir als biochemische und geistige
Wesen ein Teil des Spektrums der Schwingungen sein können und dabei
verblassen die Grenzen zwischen Wissenschaft und Magie sehr schnell.

Stellen wir uns für einen Moment vor, dass eine Intelligenz aus einer
anderen Welt in Raum und Zeit existiert und sich unserer Evolution vollständig bewusst ist. Sie versteht, dass wir historisch gesehen am Beginn
einer neuen Ära stehen in der wir eine neue Ebene des Verstehens darüber erreichen, wer wir sind und was wir sind. Ein Teil dieses Verständnisses führt uns dazu, dass wir die Fähigkeit erlangen, Plätze wie den Steinkreis in unsere eigenen Realität zu spüren, an denen die Resonanz der
Schwingungen in Harmonie mit unseren eigenen Schwingungen steht,
was uns unter den richtigen Bedingungen erlaubt, mit diesen anderen
Wesen zu interagieren.

Manchmal werden diese Manifestationen als UFOs wahrgenommen,
manchmal als Außerirdische und manchmal als strahlende Lichtkugeln –
es kommt ganz darauf an welche Art von Empfänger man ist und welche
Erwartungen man damit verbindet. Unsere unsichtbaren Besucher können in jedem von uns lesen wie in einem Buch und alles sehen. Was wir
fürchten, was wir wünschen und was wir hoffen wird zu einer möglichen
Projektion soweit es diese anderen betrifft, aber es wird stets in dem Wissen projiziert, dass wir am Beginn eines neuen Zeitalters und des damit
verbundenen Verständnisses stehen. Und da ich das weiß, fürchte ich
mich nicht länger vor Manifestationen wie die der schreienden, riesigen,
weißen Eule!

8 Eine Energielinie

Rutengänger kennen schon lange die verschiedenen Arten der Erdenergie. Wir haben bereits die Gitternetzlinien der Energie erwähnt, die
unseren Planeten überziehen wie eine Matrix und die heilige Stätten und
Portale miteinander verbinden. Und wir haben Strudel (die manche Men-

schen oft mit Portalen und Sternentoren verwechseln - aber diese Strudel sind eine spiralförmige Energie, die sich auf natürliche oder auch von Menschen gemachte Weise an heiligen Plätzen bilden und es gibt sogar Beweise dafür, dass das Militär Experimente mit dieser Energie macht). Das könnte damit zusammenhängen, dass sie möglicherweise die Realität der Portale erkannt haben und sie sogar bereits nutzen? Die Energie, die diese Plätze in unserer dreidimensionalen Realität miteinander verbindet, wird in Ley Linien gemessen und deshalb sind auch viele antike heilige Stätten entlang der Energie der Ley Linien zu finden.

Wenn wir den Planeten mit der Zeit-Raum-Wahrnehmung des Inneren Auges betrachteten, dann würden wir sehen, dass er ein lebendes Wesen ist und genau wie unser Körper eine vitale Energie trägt, die alle Lebensformen darauf sowie das Energie-Gitternetz der Erde speist.

Weil wir so viele Stehenden Steine und Steinkreise entlang den Linien der Erdenergie finden, ist es nur logisch, anzunehmen, dass wenn die Sonnenuhr von Settle eine Reihe antiker Megalithen war, man sie sofort als weithin sichtbare Linie in der Landschaft erkannt hätte, die mit den Energielinien in Zusammenhang steht. Die Steine standen, wie wir wissen, am südlichen Berghang des Castlebergs und wir vermuten, dass der erste der vier oder fünf Steine nahe des Gipfels gelegen hatte. Wenn wir weiter annehmen, dass die Steine in Abständen von ca. 150 m aufgestellt waren, dann wäre der letzte Stein etwa hinter *„The Folly"* gestanden oder möglicherweise hinter der *Zion Church*.

Wenn wir in den Wäldern unterhalb des Gipfels stehen, ist es möglich, das südwestlich liegende, südwestlich abfallende Gebiet einzusehen, das sich in Plattformartigen Ebenen wie eine gigantische Terrasse fortsetzt. Dies ist nicht auf den ersten Blick offensichtlich wegen der vielen verstreut liegenden Felsbrocken und einer alten, eingestürzten Felswand, wird aber nach einigen eingehenden Beobachtungen erkennbar. Es ist nicht schwer, sich einige beeindruckende Stehende Steine vorzustellen, die einst ganz offen sichtbar waren. Die Tatsache, dass diese Steine in einer Reihe aufgestellt waren (und alle Beschreibungen, sogar die falsche Darstellung von Buck & Feary zeigen das) zeigen, dass eine Energielinie existiert und diese sich über eine weite Entfernung von dem Stellplatz der Steine hin erstreckt.

Das Land südlich des Castlebergs ist eine Hochmoorlandschaft, die sich bis zum angrenzenden Malham erstreckt und von Höhlen und Schluchten durchzogen ist. Es wäre beinahe unmöglich alle Arten von Ley Linien in diesem Gebiet zu kartographieren, daher müssen wir schauen, wie sie sich in westlicher Richtung nach Settle hin fortsetzen.

Wenn man auf dem Castleberg steht, kann man leicht einige hervorstechende Merkmale in der Landschaft feststellen, die möglicherweise entlang dieser Linie zu finden sind. Also nach was suchen wir hier?

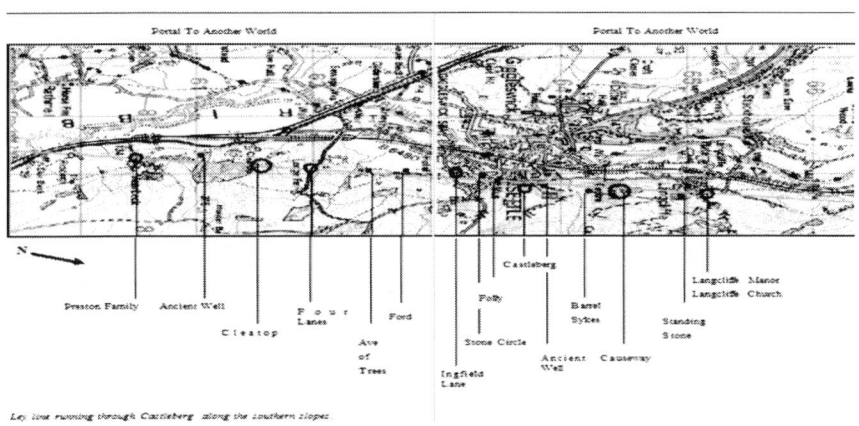

Abb. 25: Die Ley Linie, die durch den Castleberg führt entlang des südlichen Berghangs.

Die meisten Leylinien führen über antike Stätten, stehende Steine, Steinkreise, Grabhügel und Hügelgräber, antike Quellen und Brunnen, Kreuzungen, Brücken über Flüsse, antike Teiche und Seen und Kirchen, die auf den heiligen energetischen Plätzen errichtet worden sind. Das sind wirklich viele, aber alle diese Hinweise deuten darauf hin, dass wir es mit einer echten Ley Linie zu tun haben. Einige Rutengänger vermuten, dass diese Verbindungslinien auf den Ley Linien eigentlich für das bloße Auge sichtbar sein müssten (als echte Ley Linie), aber ich sehe keinen logischen Grund für diese Annahme. Denn man muss wissen, dass die frühen Steinzeitmenschen keine Probleme damit hatten, dieses Energie-

Gitternetz wahrzunehmen, sogar wenn einige der heiligen Stätten entlang der Linie mittlerweile von Wäldern überwachsen sind, wobei diese Punkte natürlich bereits mit Steinen markiert worden sind, bevor der Wald sich der heiligen Stätte bemächtigt und sie überwuchert hatte.

Entlang der Energielinie

Wir können eine Reise entlang der Energielinie unternehmen und die Sehenswürdigkeiten auf dieser Route besichtigen, die miteinander in Verbindung stehen. Helen und ich haben die Sommermonate von 2012 tatsächlich damit verbracht, die Strecke von Langcliffe (nördlich von Settle) nach Mearbeck (im Süden von Settle) abzulaufen als Teil meines Erholungsprogrammes nach der langen Krankheit im Winter und Frühjahr. Als wir uns zum ersten Mal auf den Weg gemacht haben, hatten wir keine Ahnung, was wir finden würden, und ob irgendetwas darauf hindeutete, dass es sich um eine echte Ley Linie handelte. Wir hatten erwartet, dass irgendwelche Dinge entlang der Linie stehen würden, andere stehenden Steine, alte Brunnen, alte Anbetungsstätten, heilige Höhlen usw., aber nachdem wir einen Blick in die alten und neuen Landkarten der Gegend geworfen hatten, waren wir völlig desillusioniert. Denn tatsächlich führte die ganze Strecke über offenes Farmland und die Landkarte zeigte keinerlei größere Sehenswürdigkeiten abgesehen von dem fehlenden Steinkreis, der einst auf Cleatop stand.

Doch wir hatten beim Betrachten der Karte einige andere faszinierende Erkenntnisse gewonnen hinsichtlich der Entdeckung, dass die Sonnenuhr ein Portal gewesen sein könnte. Nachdem wir zuvor die Verbindung mit „The Folly" untersucht hatten, hatten wir herausgefunden, dass Richard Preston das halbe Land um Settle herum besessen hatte als er „The Folly" baute. Und die Linien laufen durch die Mitte seines Landbesitzes. Außerdem kamen seine Nachkommen, die Familie Preston aus Mearbeck, wo die Linien ebenfalls hindurchführten! Zwischen Mearbeck und Settle bemerkten wir eine Straße namens *Ingfield*. Historiker haben lange darüber debattiert, wo Richard Preston geboren wurde und vermuteten, dass es in der Nähe von Mearbeck gewesen sein musste. Bisher hat man noch keine Aufzeichnungen über seinen Geburt oder den Geburtstort gefunden, aber es gibt Hinweise darauf, dass ein Richard Preston von Ingmoore bekannt war, während der Zeit, als Richard Preston gelebt haben musste. Es gibt aber keinen Ort namens Ingmoore irgendwo um Settle herum, allerdings die „Ingfield Lane", durch die die Ley Linie läuft. Könnte es sein, dass Ingfield und Ingmoore ein und derselbe Platz gewesen sind und falls ja, könnten wir dort heute noch den Aufenthaltsort von Richard Preston finden, wo er zu Lebzeiten gewohnt hatte?

Wir haben uns auch das mysteriöse Tunnelsystem in Town End angeschaut, wo Tot Lord gelebt hat und wiederum zeigt die Landkarte, dass die Linie genau durch das zerstörte Herrenhaus „The Folly" läuft und durch die Mitte des angrenzenden „Sutcliffe Building". Ist dies wirklich nur ein Zufall? Die Landschaft um Settle herum hat sich seit jener Zeit beträchtlich verändert und die Topographie der Landschaft ist heute nicht mehr mit derjenigen von vor einigen hundert Jahren zu vergleichen. Aber einige Aspekte der Umgebung haben sich kaum verändert und können immer noch in der Form angetroffen werden, wie sie schon vor tausenden von Jahren ausgesehen haben. Die Megalithbauten der Frühmenschen wurden dazu gebaut, lange zu bestehen und die Menschen waren zwar einfach gestrickt, haben diesen Job aber hervorragend gemeistert! Andere heilige Stätten, wie die Quellen und Brunnen zum Beispiel, verändern sich, aber bleiben immer an Ort und Stelle als Teil der heiligen Landschaft und sie überleben weil sie wichtige Elemente sind, die die Gitternetzlinien in Balance halten.

Das Folgende ist meinen Notizen entnommen, die ich auf dem Weg entlang der Ley Linie gemacht habe:

Langcliffe & St John's Church

Der beste Weg, um den Ley Linien zu folgen, ist entlang der angrenzenden High Street, die zwischen Settle und Langcliffe verläuft. Die Linie verläuft von der Sonnenuhr des Castlebergs aus über ca. eineinhalb Meilen von Norden nach Süden und man kann in den Feldern neben dieser alten Straße viele Dinge entdecken. Am Ende des Buches werden wir ein ganzes Kapitel speziell den Funden bei Langcliffe Manor widmen, da diese so erstaunlich waren, aber die ganze Route beinhaltet einige atemberaubend schöne Stellen.

Abb. 26: Langcliffe Hall am südlichsten Ende der Ley Linie wo sich angeblich Sir Isaac Newton aufhielt. Foto: Nigel Mortimer

Wenn man Langcliffe Village betritt, gibt es dort einen antiken Brunnen, der heute noch in Gebrauch ist und der von einer unterirdischen Quelle gespeist wird. Die Position des Brunnens zeigt seine Bedeutsamkeit in alten Zeiten, er liegt direkt neben einem dreieckig geformten Baumbestand, der ihn gewissermaßen abschottet. Die Linie verläuft zum nördlichen Ende der Stadt und kommt nahe der Methodist Church und der St. Johns Church auf dem Hügel vorbei. Eine alte Chaussee verläuft von Norden nach Süden entlang dieser Linie und verbindet die Kirche mit dem Grundbesitz von Langcliffe Hall. Ob die Kirche auf heiligem Grund erbaut worden ist, darüber kann man sich streiten. Denn die Aufzeichnungen zeigen, dass diese Anlage in früheren Zeiten eine Gerberei gewesen ist, aber sie liegt so nahe bei der alten Chaussee, dass man es für durchaus möglich halten könnte.

Ich habe diese Kirche in den letzten Jahren einige Male besucht, aber ich wusste bis 2012 nichts davon, dass ihre landschaftliche Position sie mit den vom Portal ausgehenden Ley Linien verbindet und war erstaunt über diesen „Zufall". Ich war aber noch viel mehr überrascht, als ich herausfand, dass mein Nachname „Mortimer" den Einwohnern von Langcliffe geläufig war und Personen dieses Namens dort von Mitte des 19. Jahrhundert bis in die 1960er Jahre gelebt hatten. Es ist aber nicht Gegenstand dieses Buches, meinen Stammbaum zurück zu verfolgen bis zu den Vorfahren meines Vaters, aber auf dem Grabstein eines George Mortimers haben wir mit Hilfe der Hinweise eines Geistes das Symbol der Spirale gefunden – was mir zeigt, dass ich auf der richtigen Spur bin, um es mal so auszudrücken. Der Kirchendiener erzählte mir, dass andere Grabsteine mit dem Namen Mortimer Efeu-Symbole eingemeißelt hatten, die für eine ewig gültige Wahrheit stehen. Eine Fülle von Efeupflanzen wachsen rund um die Anlage der Sonnenuhr.

Barrel Sykes

Barrel Sykes ist eine große Kreuzung, die etwa in der Mitte zwischen Settle und Langcliffe genau auf einer Ley Linie liegt. Noch bevor mir klar wurde, dass diese Kreuzung und der Scheideweg, der direkt ins Moor verläuft, auf einer Ley-Linie liegt, war mir bewusst, dass an dieser Stelle sehr viele UFO Vorkommnisse stattgefunden haben inklusive einer angeblichen Landung in den 1960er Jahren. Der Kirchendiener von Langcliffe Church behauptete damals, dass er ein zigarrenförmiges UFO sowie den Geister eines Teenagerjungen dort gesehen hätte. Ein großer Stehender Stein (einer der größten der ganzen Gegend) kann von der Straße aus gesehen werden. Er befindet sich in der Ecke eines Feldes auf der rechten Seite und gleich daneben ein größerer Baumbestand. Wenn man in Richtung Langcliffe geht, führt einen die alte Chaussee direkt auf das Grundstück von Langcliffe Hall.

Chapel Street Gardens & Park

Am 22. April 2012 entdeckte ich im Dickicht einige Steine zwischen 3 und 4 ft Länge. Diese befinden sich schon seit langer Zeit an dieser Stelle innerhalb einer Ansammlung von Bäumen in der Ecke eines Parks, der der Gemeinde gehört. Einer der Steine war bereits von alten Baumwurzeln überwachsen. Es könnte eine Art Steinkreis hier liegen, aber um das herauszufinden, sind noch weitere Untersuchungen nötig.

Ingfield Lane

Bei einem Besuch der Straße im April 2012 begutachtete ich zwei Gebäude, die auf beiden Seiten der Straße stehen, die direkt an der Ley Linie entlangläuft. Ein Gebäude sieht aus wie ein alter Schuppen und das andere ist eine kleine Unterkunft. Man könnte darüber spekulieren, dass dies Ingmoore ist, der Geburtsort von Richard Preston, aber das ist nicht sicher. An der rechten Seite der Ingfield Lane stand das rätselhafte Falcon Hotel, zuvor bekannt als Ingfield Hall. Dort gibt es einen antiken Brunnen, der in einer Wand eingebaut wurde, die entlang dem Pfad verläuft. Ein Stückchen weiter kreuzt eine Furt den Pfad und läuft ca. 60 Meter in Nord-Südliche Richtung. Ein kleiner stehender Stein von ca. 3 ft Höhe steht in einem Feld entlang der Ley Linie.

Four Lanes

Eine Kreuzung uralter Straßen führt hier für ca. 200 Yards entlang einer Ley Linie. Der Pfad grenzt an eine Baumallee, die beidseitig von Norden nach Süden verläuft. Castleberg kann von hier aus deutlich gesehen werden und liegt von hier aus auf einer Linie mit dem südlichen Berghang.

Abb. 27: Alter Brunnen als Teil der Mauer entlang der Ley Linie nahe der Ingfield Lane am südlichen Abschnitt der Ley Linie. Foto: Nigel Mortimer

Lodge Farm Spring

Am 24.04.12 habe ich das Grundstück Lodge Farm Spring besucht, das sich links der Straße befindet und genau an der Stelle, wo die Ley Linie verläuft. Dieser Bereich ist gespickt mit unzähligen unterirdischen Quellen und Brunnen an der Oberfläche. Ein liegender „Stehender Stein" befindet sich links der Straße und ist an seinem linken Ende zur Hälfte begraben (dort wie die Ley Linie durchläuft). Die Öffnung einer antiken Quelle liegt in geringer Entfernung davon nördlich der Ruine der Lodge auf der Straße zum Castleberg, den man auch von hier aus sehen kann und der in einer Linie mit dem südlichen Berghang liegt. Zwei große Stehende Steine von etwa 8 ft Höhe, die in Torfposten umfunktioniert worden sind, liegen auf dem Boden und es gibt Hinweise auf ein flaches Hügelgrab in Form von einer kleinen Aufschüttung von Felsen.

Cleatop Steinkreis

„Man findet diesen Steinkreis in keiner archäologischen Übersicht über Megalithische Steinkreise. Dieser hier war ganz offensichtlich bereits aus einiger Entfernung gut sichtbar, saß er doch auf dem Abhang, wo heute ein Wald steht. Er wurde vom großen Historiker aus Yorkshire, Harry Speight (1892/1985) beschrieben, obwohl es scheint, dass heute alles, was uns daran erinnert, bereits verschwunden ist." (Paul Bennett Megalithix wordpress.com)

Dieser Steinkreis, der etwa eine Meile von Settle entfernt liegt, wäre wohl von den Historikern vergessen worden, wenn nicht eine Gruppe örtlicher Antiquare davon berichtet hätten *„bei Cleatop, etwa eine Meile von Settle entfernt, sind die Reste eines uralten Steinkreises"*. Wir wissen aus den Aufschrieben von Harry Speight, dass der Steinkreis sich noch Mitte des 19. Jahrhundert an der Stelle befunden hat:

„Ein wenig oberhalb von Cleatop Farm (nahe Rathmell) liegt Cleatop Wood. Cleatop leitet seinen Namen von dem lateinischen Wort clivus, Berghang, ab. In der Nähe der nordöstlichen Seite des Waldes gab es einen sehr bemerkenswerten Druidenzirkel mit ca. 60 ft Durchmesser. Mr. Thomas Brayshaw von Settle informierte mich, dass nach den Erinnerungen der noch lebenden Einwohnern er gleichmäßig und gut umrissen war. Und zwar so gut, dass man ganz klar den Unterschied bemerkte an den ein oder zwei Lücken, wo man Steine herausge-

nommen hatte. Die Aufragung im Hintergrund des Grundstückes ist schon seit Urzeiten bekannt als „Druid's Hill"."

Andere Quellen berichten über das Grundstück und beinhalten interessante Fakten wie z.B. dass die Ecksteine dort einige Tonnen wiegen, dass es mindestens 12 Steine gab und andere, die in der Nähe den Berghang hinab gerollt worden sind. Und hier gibt es erneut eine Auffälligkeit: In der einen Quelle ist die Rede von einem Kreis von 60 ft Durchmesser und in der anderen nur von 36 ft. Das könnte auch einfach auf den Abbau des Kreises zurückzuführen sein, der irgendwann um das Jahr 1883 stattgefunden hat (als noch einige Steine dort gestanden haben) und das hat zu der Verwirrung über die ursprüngliche Größe geführt.

"The Enclosure Acts" [Gesetz] Ende des 18. Jahrhunderts hat dazu geführt, dass die Zahl der Trockensteinmauern in der Gemeinde sprunghaft anstieg und das ist vielleicht auch der Grund, weshalb so viele Steinmonumente zerstört worden sind, um mit den Steinen die Mauern zu bauen und zu reparieren. Der moderne Historiker Paul Bennett sagt „*Wir haben keine Hinweise von Beerdigungen oder anderen Erdarbeiten hier, die uns Aufschluss darüber gäben, dass man hier jemals Überbleibsel von Menschen gefunden hätte. Dennoch ist es ein faszinierender Platz in der Landschaft und weitere Nachforschungen wert...*"

Nick Harding von www.megalithic.co.uk sagt: „*Der Steinkreis war ursprünglich so vollständig und gleichmäßig, dass man ihn bereits in einiger Entfernung ausmachen konnte und es wäre ziemlich offensichtlich gewesen, hätte man einen Stein daraus entfernt.*" Klingt das nicht ein wenig wie die Beschreibung, die wir von der Sonnenuhr von Settle erhalten haben? Steine, die so groß und beeindruckend sind angesichts ihrer Form und Größe, dass man sie schon aus mehreren Meilen Entfernung sehen konnte? Und dann sind sie plötzlich verschwunden! Am 12. Mai 2012 machte ich mich mit Helen auf den Weg entlang der südlichen Ley Linie von Castleberg zur Lodge und durch den Cleatop Park bis hin zu der angenommenen Stelle wo der Steinkreis liegt. Während des Aufstieges entlang der Bäume südlich des Feldes hielt ich Ausschau nach Anzeichen dafür, dass hier einmal ein Steinkreis gestanden hatte, aber die ganze Gegend ist voller versprengter Felsbrocken und Steine, sodass es eine schwierige Aufgabe war.

Es ist jedoch möglich, den alten Steinkreis auszumachen, auch wenn die Steine schon lange nicht mehr hier sind oder die Stelle zerstört wurde, weil wir oft einen sogenannten „Henge" finden, der die Stelle des Steinkreises andeutet. Manchmal findet man noch umgestürzte Steine, die aus dieser Aufschüttung herausragen und die uns einen Hinweis bei der Suche nach solchen Stellen liefern. Einige Steinkreise haben in ihrem Zentrum einen oder mehrere frei stehenden Monolithen.

Der zuverlässigste Bericht, den wir über den Cleatop Circle haben, ist der von Harry Speight, aber seine Beschreibung weicht von denen der Archäologen und Forschern ab, die denken, dass der Kreis kleiner war. Kurz nachdem wir an der Stelle angekommen waren, die Speight als Standort erwähnt, fanden Helen und ich etwas Außergewöhnliches:

Abb. 28: Der Autor sitzt auf einem der hunderten von Steinen in der Nähe von Cleatop Park Woods. Die ganze Gegend war ein Platz von jungsteinzeitlichen Ritualen und Anbetungen. Foto: Nigel Mortimer

Hier befanden sich mehrere kleine sog. „Henges", in der Gegend, die als „Druids Hill" bekannt ist und einer davon hatte einen Durchmesser von 36 ft. Als wir jedoch an der Stelle ankamen, an der Speight den Kreis vermutet, nordöstlich des Wäldchens, gab es keinen Hinweis darauf. Wir hatten auch noch ein anderes Problem mit Speights Ortsangabe und das ist das Grundstück nordöstlich des Wäldchens, das abschüssig ist und außerhalb der Sicht der umliegenden Landschaft.

Wir wissen außerdem, dass es üblich war, Steinkreis in westlicher Hanglage zu bauen. Daher beschlossen wir, auf dem angrenzenden Feld, das abwärts Richtung Pond Woods verläuft, weiterzusuchen. Wir sahen uns um am westlichen Berghang, der über Ribble Valley liegt und von wo aus man eine klare Sicht auf Settle im Norden hat, Giggleswick im Nordwesten und Rathmell im Westen.

Als ich den Berghang hinunterblickte, fragte ich Helen, ob sie auch sehen konnte, was ich da sah. Ich konnte in dem Feld eine Linie ausmachen, die aussah, wie ein ehemaliger massiver Steinkreis, der mich an *Castle Rigg Circle* in Cumbria erinnerte. Er hatte über 200 Meter im Durchmesser und es gab immer noch Zeichen von Steinen, die man vor Ort innerhalb dieses massiven Tempels zurückgelassen hatte. Helen lief plötzlich in die Mitte des Kreises, wo einst die prächtigen Steine gestanden hatten und als ich sie beobachtet, fuchtelte sie plötzlich wild mit den Armen in der Luft herum. „Warum machst Du das?", fragte ich sie und sie sah seltsam aus, als würde sie das automatisch machen und sich nicht darum scheren, dass sie so seltsam dabei aussah. „Ich weiß nicht, es fühlt sich einfach richtig an...." Antwortete sie mir und machte weiter. Ich beobachtete sie verblüfft wie sie eine Art seltsamen Tanz aus ferner Vergangenheit aufführte. Ich zielte mit der Kamera und machte zwei Schnappschüsse von ihr am höchsten Teil des Berghangs über Druid Hill mit den Cleatop Woods im Hintergrund. Sie hob sich als Silhouette gegen den wolkigen blauen Himmel ab, wie sie da stand mit den ausgestreckten Armen als wäre sie im Gebet an irgendwelche unsichtbaren Elementarkräfte.

Als ich die Fotos auf den Computer geladen hatte, um sie am Abend anzusehen, starrte ich verblüfft auf das, was da auf dem zweiten Foto zu sehen war, das ich von Helen gemacht hatte. Dort, über ihr in der Luft, hing ein dunkler Schatten, den ich mit Sicherheit nicht gesehen hatte, als ich das Foto geschossen hatte. Er hob sich ganz klar gegen den Rest des Bildes ab und es lag nicht an einem Defekt der Kamera.

Abb. 29: Zeigt dieses Foto vom Mai 2012 Hinweise auf eine andere Portalöffnung über dem Steinkreis von Cleatop Circle? Bei genauer Untersuchung sieht die Form auf dem Foto ähnlich aus wie bei den UFO-Sichtungen in dieser Gegend. Foto: Nigel Mortimer

Mearbeck

Der Fluss, dem wir entlang der Ley Linie folgten, formte die Grenze zwischen Settle und Long Preston und der Name „Mere Beck" bedeutet eigentlich eine Grenze, die durch einen Bach oder einen kleinen Fluss gebildet wird. Einer davon entspringt hinter dem Haus auf der Spitze von Mearbeck.

Ganz Mearbeck gehörte einst der Familie Preston. Die letzte Mrs. Preston (geb. Protcter) starb 1915. Sie hatte einige Töchter und mindestens zwei Söhne, von denen einer im Boer War getötet wurde und einer (Captain Preston) zu Beginn des Ersten Weltkrieges gefallen ist.

Faszinierenderweise haben wir hier erneut einen Hinweis auf eine Verbindung zwischen Richard Prestons Familie, dem „*The Folly*" in Settle und der Ley Linie.

Warum gibt es diese Ley Linien in Settle?

Man findet viele Ley Linien in der Gegend von Settle, aber die drei wichtigsten führen zum Castleberg. Diese formen ein gleichschenkliges Dreieck über der Landschaft im Osten und Süden der Stadt. Man könnte behaupten, dass dies keine richtigen Ley Linien sind im traditionellen Sinne, denn wie so oft von den „Ley Linien-Jägern" darauf hingewiesen wird, sollten diese anhand einer Reihe von uralten Steinen, Stehenden Steinen, Brunne usw. für das bloße Auge sichtbar sein. Dies ist oft der Fall im Flachland der südlichen Gegend hier, wo man eine meilenweite Panoramasicht hat. Doch im Norden Englands, so der Pennine Hill die Landschaft durchschneidet, kann man nur kurze Distanzen sehen aufgrund der hügeligen Geographie.

Aber diese Denkweise ist fehlerhaft. Denn der größte Teil des Landes war zu Zeiten der Frühmenschen von dichtem Wald bedeckt, der überhaupt keine offene Sicht über größere Entfernung zuließ. Trotzdem konnten sie die heiligen Stätten lokalisieren und wussten, dass die Energien in gerader Linie mit einem anderen solchen Platz in der Nähe stehen.

Der Begriff „Ley" kommt von einem „Platz oder einem Ort, der auf dem Weideland entlang von Flüssen und Nebenflüssen liegt". Dies scheint eine falsche Beschreibung zu sein, denn wir finden Ley Linien oder Energielinien überall, unabhängig von der Topographie. Im Falle der Ley Linien von Settle handelt es sich dabei um Energieverbindungspunkte, die einen Energiestrudel beinhalten und die sich über das ganze Gitternetz der Erde ausbreiten. Einige Punkte oder Strudel sind recht groß und wichtig, andere kleiner, wie Unterpunkte oder Zwischenstationen. Wie ich schon sagte, gibt es Hauptlinien, die über die gesamte Länge der Britischen Inseln führen und kleinere Ley Linien in sich aufnehmen, die ihren Weg kreuzen, z.B. die St. Michael's Linie.

Die Linie, die östlich des Castlebergs verläuft ist Teil einer großen Hauptlinie, die sich Richtung Cumbria fortsetzt und den Castle Rigg

Steinkreis durchläuft, einen weiteren großen Energiestrudel und ein Portal.

Als ich während der 1990er Jahre in Ilkley lebte, konnte ich eine Reihe von Leylinien in der Gegend von Rombalds Moor lokalisieren, die neben alten neolithischen Siedlungen, Steinen etc. lagen. Tatsächlich ist das gesamte Moorland und diese Hochebene ein massiver Energiestrudel, der immer noch einige der faszinierendsten paranormalen Phänomene hervorbringt, die mit diesen uralten Stätten zusammenhängen. Das reicht von seltsamen Lichtkugeln über Phantome bis hin zu UFO Aktivitäten. Wenn wir die Ley Linien verfolgen, die von Castle Rigg durch Settle in den Südwesten des Landes verlaufen, dann sehen wir dass sie geradewegs durch Rombalds Moor führen. Ist das wirklich reiner Zufall? Ich bin mir ziemlich sicher, dass wenn wir hier genauer nachforschen würden, man diese Leylinie noch bis zu anderen wichtigen Punkten an heiligen Stätten in beiden Richtungen verfolgen könnte.

Es ist schwierig, die Energie an den Leylinien genauer zu messen und beinahe unmöglich, wenn wir versuchen, etwas darüber mit unseren ganz alltäglichen, gewöhnlichen Gedankengängen herauszufinden. Anders als Elektrizität (die auch eine für das Auge unsichtbare Art der Energie ist aber auf atomarer Grundlage mit Hilfe von Mikroskopen untersucht werden kann), ist die Ley Energie schwerer fassbar. Wie bei der Elektrizität kann man ihre Auswirkungen feststellen, aber ein wissenschaftlicher Weg der Messung wurde bisher noch nicht gefunden - zumindest ist der Öffentlichkeit keiner bekannt. Wir wissen, dass wir es mit Elektrizität zu tun haben, wenn eine Birne aufleuchtet, aber wir sehen nicht, wie die Elektrizität in diese Birne gelangt. Dasselbe passiert auch bei der Ley Energie – aber hier haben wir zumindest unsere außersinnliche Wahrnehmung, um sie einzuschätzen.

Die Forschungen, die ich am *Backstone Circle* in Ilkley Moor unternommen habe, haben mir genügend Beweise geliefert, um zu behaupten, dass die Ley Energie mit Hilfe von Rutengehen gefunden und gemessen werden kann. Ich habe festgestellt, dass diese Energie sich nicht nur linear zwischen zwei einzelnen Stehenden Steinen bewegt, sondern auch in verschiedene Richtungen fließen kann – auf, ab, quer – abhängig von anderen Einflüssen, die an diesen Stellen vorherrschen. Die Steine könnten ebenfalls durch die Anwesenheit von Menschen an diesen Stätten beeinflusst werden. Und zwar sogar soweit, dass ihre Energie abhängig von den Wünschen des Beobachters schneller oder langsamer fließt. Das funktioniert deshalb, weil wir ein Teil derselben Energie sind, was innerhalb des menschlichen Aurafeldes festgestellt und überprüft werden kann.

Durch menschliche Manipulation der Energiefelder an diesen antiken Stätten wurden diese über Tausende von Jahren hinweg stets verändert. Das geschah durch negative Rituale, Zeremonien, Opfer und sogar respektlosen Missbrauch der Steine selbst. Andere, nichtmenschliche Einflüsse haben aufgrund natürlicher Faktoren eingewirkt, z.B. das Wetter, Naturkatastrophen und Änderungen des Sonnensystems. Offensichtlich wurden diese indirekten Effekte auf die Energien durch Umweltverschmutzung und der Ignoranz unseres modernen Denkens ausgelöst. Eine positive und selbstlose Haltung funktioniert dagegen nicht nur bei Menschen (um zum Beispiel das Potenzial der Kinder hervorzubringen, wenn man diese nicht vernachlässigt sondern unterstützt) sondern auch bei den Steinen. Denn es geht in allen Fällen um die Art der positiven Energie und der positiven Gedanken.

Die Energie positive Gedanken an diesen heiligen Stätten bringt sie wieder in Balance mit der natürlichen physischen Welt. Ich habe diese Stellen in dem Zustand wie wir sie heute sehen, oft mit einem Rennpferd verglichen, das leider von einem Motorradfahrer geritten wird, der überhaupt nichts vom Reiten versteht. Beide haben zwar das Potenzial, eine hohe Geschwindigkeit zu erreichen, aber das Pferd wird dem ahnungslosen Reiter nicht gehorchen.

Und das ist genau unsere heutige Situation. Wir sind uns der rätselhaften Markierungspunkte in der Landschaft zwar bewusst, haben aber kaum ein Wissen über das Potenzial, das diese Megalithbauten in sich tragen. Das liegt daran, dass wir alles nur mit unseren fünf Sinnen zu ergründen versuchen. Durch das Rutengehen jedoch, ist es möglich, einen Blick zu erhaschen auf diese Energiestrudel-Punkte, die oft von den Steinen an diesen alten Stätten ausgehen, wie die Rutengänger bestätigen. Deshalb kennt man diese als „kegelförmige Energiewirbel", die in Größe und Vibrationsstärke abnehmen, je weiter sie sich von ihrem Ursprung entfernen. Alle Arten von Energien haben diese Eigenschaft.

Das echte Rutengehen ist viel komplizierter als das Wasser finden. Es ist eine uralte Kunst, die von den ersten Menschen aus Atlantis weitervererbt wurde. Die Atlanter hatten damals keinen Bedarf an Wünschelruten oder anderen Werkzeugen, da sie die Fähigkeit dazu in sich selbst trugen. Erst mehrere tausend Jahre später vertrat Guy Underwood in seinem 1969 posthum veröffentlichten Buch folgende These: Es gibt drei Basislinien oder Primärlinien von Energie, die man mit Hilfe von Ruten finden kann. Und zwar Wasserlinien, elektrische Leitungen und „aquastats" (Energiewirbel des Grundwassers, die bis an die Erdoberfläche dringen). Aber es gibt auch eine Menge Sekundärlinien, die die Basislinien durchdringen und die das gesamte geodätische Bezugssystem formen.

Viel wichtiger ist, was T.C. Lethbridge, Archäologe und Rutengänger, herausgefunden hat. Er ist noch weiter gegangen und hat entdeckt, dass mit seiner Art des Rutengehens auch „Gedankenformen" und Ideen gefunden werden können. Er konnte mit Hilfe eines Ruten-Pendels und verschieden langen Schnüren Energieeffekte und deren Amplituden messen. Während er an dem Steinkreis von Lamorna, Cornwall, forschte, konnte er Daten über die Herkunft der Steine herausfinden. Er sagte, dass er an diesem Kreis etwas wie einen „leichten elektrischen Schlag" verspüren würde. Andere Rutengänger seit Lethbridge haben herausgefunden, dass sie sich psychisch mit den Steinen verbinden können und dabei Energetische Effekte gespürt haben wie Schaukelbewegungen und Schwindelgefühle, manchmal haben die Steine bzw. die Energiequelle anscheinend den Rutengänger sogar von sich fortgestoßen. Es wurde beobachtet, dass diese Effekte sich bezüglich anderer Elemente in der Umgebung und sogar abhängig von Wetterbedingungen, astronomischen Phasen der Sonne, des Mondes und der Planeten, verändern können.

Das Studium der Anomalien an Heiligen Stätten fällt unter den Sammelbegriff „Earth Mysteries". Diejenigen, die UFOS studieren (als Teil dieser Mysterien) wissen seit den 1960ern, dass eine UFO-Sichtung entlang Energielinien in allen Ländern der Welt vorkommt. Dieses untergeordnete Forschungsgebiet heißt „Orthonetic". Es war schnell klar, dass UFOs und Leylinien oft (aber nicht immer) mit den geographischen Gegebenheiten zusammenhingen.

Wir haben bereits gesehen, dass Lichterscheinungen und antike Stätten nebeneinander existieren an Orten wie Rombalds Moor in Wharfedale. Nach zwanzig Jahren eigener Forschung in dieser Region, denke ich, dass es genau diese Position der antiken Stätten an diesem Platz ist, die so viele

UFO-Sichtungen hervorruft. Ufologen vertreten die Meinung, dass die UFOs diese alten Stätten und Leylinien als Navigationssystem nutzen, sie navigieren mit Hilfe der unsichtbaren Magnetfelder. Aber es wäre zu einfach, die UFOs nur als physisches, von Piloten gesteuertes Fluggerät Außerirdischer darzustellen, die sich so in der Luft bewegen wie unsere heutigen Flugzeuge.

Abb. 30: Das Foto wurde vom Autor am 5. Mai 2012 aufgenommen, als er der Leylinie der Sonnenuhr zwischen Settle und Langcliffe folgte. Er war ca. eine Viertelmeile vom Castleberg entfernt als er ein hell leuchtendes Objekt am Himmel sah, das sich von Ost nach West über den Baumwipfeln bewege, bevor es außer Sicht war. Die Kugel aus weißem Licht machte keine Geräusche und bewegte sich in einem Bogen als würde er eine Ecke umrunden. Eine Reihe von Fotos wurden vor Ort aufgenommen, aber der Lichtball zeigte sich auf keinem der Bilder. Der Autor ist daher überzeugt, dass das der erste Besucher war, der durch das Portal kam. Foto: Nigel Mortimer

In den 1980ern hat Professor Michael Persinger einen Versuch gemacht, die Lichter über den antiken Stätten damit zu erklären, dass diese durch Verwerfungen in den geologischen Störzonen zustande kommen. Man nennt das Phänomen auch den *„piezoelektrischen Effekt"*. Dieser ist vergleichbar mit dem Funken, den man beobachten kann, wenn man ein

Feuerzeug anzündet. Anscheinend erlauben es atmosphärische Bedingungen den Lichtern und anderen Arten von Phänomenen wie Geister, Phantome, Engel, Monster, Aliens etc. an diesen Orten ihr Unwesen zu treiben. Letztere sind das Ergebnis Elektromagnetischer Felder, die während Gewitterstürmen generiert werden und die dazu fähig sind, mentale Bilder im Sinne von Halluzinationen bei den Zeugen hervorzurufen.

Es gibt allerdings ein Problem mit Persingers Theorie. Obwohl er versuchte, diese Bedingungen im Labor nachzustellen (mit gemischten Ergebnissen), hat er nicht berücksichtigt, dass die beobachteten Phänomene zu verschiedenen Zeitpunkten beobachtet werden konnten und nicht auf eine bestimmte Verwerfungszone oder ein Wettermuster beschränkt waren. Eines fand er jedoch heraus, und zwar, dass die Energien an diesen Stätten und durch Steine markierten Stellen mit dem menschlichen Geist interagieren aber davon unabhängig sind.

Früher in diesem Buch haben wir schon gesehen, wie meine Frau Helen eine Lichtform am Cleatop Steinkreis produzieren konnte, was wir mit der Digitalkamera festgehalten haben. Was die *Persinger Tectonic Strain Theory* auf einen Schlag zunichte macht, war, dass sie das in dem Moment einfach so tun konnte, ohne jede Absicht. Sie verspürte einfach das Bedürfnis, sich mit erhobenen Händen im Kreis um diese Stelle zu bewegen. Durch das Schlagen mit den Armen hat sie wohl die Energie auf symbolische Weise hervorgerufen und dadurch etwas, was in diesem Platz ruhte, physisch sichtbar gemacht. Man könnte natürlich auch argumentieren, dass ihre Gedankenenergie genügend elektromagentische Aktivität produziert hat, um einen solchen Effekt auf Film zu bannen. Dies klingt jedoch nicht sehr wahrscheinlich, da der Fotograf gut 400 Yards von der Stelle entfernt war, als das Foto gemacht wurde. Es war eher so, als ob etwas Unsichtbares sich unserer Aktion bewusst gewesen wäre. Es hat sich dann dazu entschlossen, mit uns „zusammenzuarbeiten" und einen Effekt (nämlich das Bild in der Kamera) produziert, den wir mit unseren normalen fünf Sinnen anders nicht feststellen konnten.

Es sind schon mehrere ähnliche Phänomene an Steinkreisen weltweit aufgezeichnet worden. Diejenigen, die sie beobachtet hatten, hatten sich dazu gezwungen gefühlt, diese Stellen zu besuchen, wo sie dann ein Gefühl bekamen, als würde etwas Sonderbares geschehen. Manchmal sind diese Menschen meilenweit von den alten Stätten entfernt, wenn sie den

Impuls erhalten, eine Reise dorthin zu unternehmen – ein nagendes Gefühl, das einfach nicht vergehen will und das ihnen keine Ruhe lässt, bis sie endlich an der Stelle ankommen. Man muss aber fairerweise sagen, dass sich nicht jedes Mal etwas ereignet und die Person dann verwundert ist und sich fragt, was sie denn eigentlich hier verloren hat. Jedoch geschieht es weitaus häufiger (zu häufig als dass es reiner Zufall wäre), dass man direkt nach der Ankunft ein seltsames Erlebnis hat oder ein unerklärliches Phänomen erblickt.

Die drei Leylinien von Settle halten die Stelle, an der sich der Sonnenuhr-Wirbel befindet in einer Art unsichtbarer Balance. Ohne sie wäre dieses Gebiet sicher unbeachtet und würde auch keine Effekte hervorbringen. Mathematisch gesehen ist das Gebiet allerdings ein gleichschenkliges Dreieck, das bereits seit Mitte des 17. Jahrhunderts bekannt ist und auch kartographiert wurde. Hinweise auf dieses Dreieck in der Landschaft sind in vielen Felszeichnungen, Gravuren oder eingemeißelt in örtliche Gebäude gefunden worden und ebenfalls in der hiesigen Architektur. Die Balance zeigt sich als zwei gespiegelte Dreiecke, die ein Hexagramm ergeben. Und im Kern des Hexagrammes finden wir die Spirale der Fibonacci-Folge.

Der Grund für das Vorkommen der Energiespiralen an diesen historischen Plätzen ist der Ausdehnung der Natur zu verdanken, die wir auf der Welt finden, ob im kleinsten Schneckenhaus oder im größten Wolkengebilde. Spiralen liegen den Wachstumslinien zugrunde, die durch die Ausdehnung der Energie entstehen, sogar in den Galaxien im Kosmos. Als ich (in diesem Leben) zum ersten Mal meinem spirituellen Führer Sharlek begegnet bin, war das erste, auf was er mich aufmerksam gemacht hat, das Bild einer Spirale, die sich aus seiner Stirn heraus bewegte. Dieses Symbol ist mir seither stets gegenwärtig und wenn ich im täglichen Leben irgendwo darüber stolpere, in irgendeiner Situation, dann mache ich mir immer seine Gegenwart in unserer physischen Welt bewusst.

Eine dreidimensionale Spirale wird für unsere Sinne zu einer Kegelform, die ein Energielevel erreicht, welche ganz von ihrer Position abhängt. Wenn wir zum Beispiel einen typischen Stehenden Stein anschauen, dann erkennen wir, dass seine Erbauer ihm an der obersten Spitze einen abgeschrägten Winkel verpasst haben. Dies wurde einst als Beschädigung des Steines betrachtet, aber war ursprünglich von den Frühmenschen extra so gemacht worden, damit die Spitze des Steines die Energie an diesem Punkt festhalten kann und die Spirale sich darum herum bewegen konnte. Wären die Steine flach an der Spitze oder einfach eben, dann würde die Spiralenergie aus dem Stein herausfließen und sich in alle Richtungen ausbreiten und sich schließlich im Äther verlieren. Auf diese Art und Weise wäre es schwierig, die Balance zu erhalten. Die positiven und negativen Energien würden ein verwirrendes Muster bilden. Diese Stelle und die unmittelbare Umgebung würden in einen chaotischen Zustand fallen.

Stellen Sie sich nur vor, welche Auswirkungen das auf diesen Ort hätte, wenn jemand die Steine einfach bewegt, beschädigt oder zerstört! Doch genau das ist in vielen Fällen über die Zeit hinweg geschehen. Es gibt unzählige Heilige Stätten auf der Welt wie z.B. Cleatop Circle, die unter einem chaotischen Einfluss stehen.

Der geheime Einfluss der Ley Linien von Settle auf ihre Umgebung ist der, dass sie die Heiligen Stätten in einer Balance mit der Landschaft halten, sodass der Tor-Strudel ohne Chaos funktionieren kann. Sie bilden tatsächlich ein Muster aus den drei Hauptlinien wie eine Art „Warteschleife". Die ersten Menschen haben diese Markierungen in die Landschaft gesetzt, auf die direkte Quelle der spiralförmigen Energie und sie als Teil eines ganzen Portal-Strudels geschaffen.

Wir können sehen, dass diese „Warteschleife" für die subtile Energie gut funktioniert an jedem Stein für sich gesehen. Aber dieselbe Energie, wenn sie von Stein zu Stein weitergeleitet wird, entlang der Leylinie, ist eine ganz andere Sache.

Die frühen Bewohner, die dieses Wissen von den ersten Menschen erhalten haben, haben die Steinkreise in einer Art und Weise erschaffen, die dieses Problem dadurch löst, indem sie die sogenannten „Heel Stones" oder Absatzsteine an den Stellen platzierten, an der die Energie sich aufbauen und zusammenschließen sollte, um dann in eine bestimmte Richtung zu fließen. Diese „Heel Stones" sind eine Art Anlaufkondensator oder Koppler und diese Art von Gegentakt-Bewegung dieser speziellen Steine ist genau das, was die Rutengänger spüren, da die Kraft der Steine sie praktisch aus den Schuhen wirft.

Die Ley Linien von Settle bestehen nicht nur aus den miteinander in Verbindung stehenden Steinen sondern auch anderen Markierungspunkten wie Brunnen oder Grabhügel. Auch diese wurden in die Landschaft integriert dort wo die Energie auflebt. Wasser ist ein großartiger Energiespeicher, aber erlaubt es gleichzeitig, dass die subtile Energie durch es hindurch fließt. Andere Markierungspunkte wurden so platziert, dass sie die Energielinien in die ein oder andere Richtung ablenken und zwar an solchen Stellen wie z.B. Kreuzungen. Diese lebende Landschaft ist ein Netz aus unsichtbaren Energien, die lebenswichtige Ausprägungen auf alle Lebensformen hat und die es außerdem auch jetzt noch unbekannten Wesen aus anderen Dimensionen erlaubt, zu bestimmten Zeiten mit ihr zu koexistieren. Man könnte sagen *„Es ist Leben, Jim, aber nicht wie „die meisten von uns es kennen"*.

Die Energie der Ley Linie selbst ist eine Art Lebewesen und gleichzeitig ein Teil von allem anderen auf ihrem Weg. Eine Überlegung ist es, dass sie eine unsichtbare, aber messbare Energie ist. Aber wie kommt es zu den verschiedenen Arten von Phänomenen, die an den alten Stätten entlang der Ley Linie beobachtet werden können? In einigen Fällen handelt es sich lediglich um Projektionen, die mit unserer Vorstellungskraft spielen, so wie wir es bereits angesprochen haben, aber es gibt auch noch die anderen sogenannten „Phantome" von T.C. Lethbridge, eine Art Erscheinung.

Eine andere Art von Erscheinung, die die Plätze entlang den Leylinien heimsucht sind tatsächliche Lebewesen wie wir, aber von anderen Orten außerhalb dieser Dimension und Zeit. Genau wie wir diese Orte in Wirklichkeit besuchen können und zwar Heute oder in der Vergangenheit, können sie dieselbe Erfahrungen machen. Aber sie sind nicht Teil unserer physischen Welt, daher besuchen sie uns indem sie den Durchgang durch den Energiewirbel des Portals nutzen. Sie verwenden die Energie der alten Stätten wie einen Schlüssel, um die unsichtbare innere Dimension zu öffnen und verändern die Vibrationsfrequenz der Energie um sie an ihre eigene anzupassen. Und dadurch ist es ihnen möglich, von ihrer Welt in unsere einzutreten.

Typisch für diese Wesen sind die „Kreaturen", die oft gesehen werden (wie meine Eule) und die der verstorbene John A. Keel beschreibt als Besucher außerhalb von Raum und Zeit. Das beinhaltet auch den

„Mothman", fliegende Reptilien, Chupacabras und eine ganze Menge anderer Engel und Dämonen dazwischen. Niedrig schwingende Wesen sind z.b. die Erdgeister, Feen und Elementargeister während die höher schwingenden Wesen Himmlische Wesen ähnlich uns selbst beinhalten. Einige dieser energetisch höher schwingenden Wesen sind die Ufonauten, eine Rasse von Wesen, die sich nicht so sehr von unserer heutigen Erscheinung unterscheiden, die aber spirituell weiter fortgeschritten sind. Sie verändern ihre eigene Energie, um sich unserer Realität und unserem menschlichen Gehirn anzupassen und sich dadurch dem anzupassen, was wir in den unterschiedlichen Perioden der Geschichte erwartet haben, zu sehen.

Man hat sie als die glotzenden „Grauen" gesehen, die großen nordischen Weißen und sogar als biomechanische Roboter, die sich selbst entsprechend unseren Erwartungen tarnen und verkleiden. Daher hat man in den 1980ern einen Haufen „Graue" gesehen gleich nachdem man in den 50er und 60er Jahren hauptsächlich große blonde Wesen gesichtet hat. Diese Erwartungshaltung dessen, was ein „Alien" ist, wurde uns von denselben höher schwingenden Wesen vor Jahrzehnten bewusst gemacht und dann durch unsere gemeinsamen menschlichen Gedankenformen im Zusammenspiel mit den energetischen Gitternetzlinien auf der ganzen Welt weiter geformt.

Während Ufologen Zeta-Reticuli auf der Suche nach den kleinen grauen Wesen ins Visier nehmen, verändern sich die höher schwingenden Wesen und verkleiden sich anders, um sich unserer Vorstellungswelt anzupassen – und dabei wurden sie zu dem, was die Menschheit sich unter einem Alien vorstellt.

Es ist auch richtig, zu sagen, dass die Ley Linien unbelebte Objekte energetisch beleben können. Die ersten Menschen bewahrten heilige Behälter an diesen Stellen auf. Faszinierende Objekte, von denen viele aus reinem Kristall gefertigt wurden, der überall in Atlantis zu finden war. Und diese Objekte wurden zu Sendern und Energiespeichern. Der bekannteste von allen war die Bundeslade. Nur sehr wenige dieser Energiespeicher existieren heute noch auf der Erde (in der Form, wie man sie den Frühmenschen übergeben hat) denn viele wurden verändert oder zerstört durch Vernachlässigung und Missgeschicke. Manchmal, wenn die Zeit reif ist, manifestieren sich diese Behälter erneut in unserer Realität und werden von denen gefunden, die dazu bestimmt sind. Manchmal erscheinen sie als Heilige Reliquien wie das Schwert Excalibur und andere Heilige Schwerter!

9 Isaac Newton & Die Sonnenuhr

Newton schrieb, dass diejenigen, die sich an Gottes Liebe festhalten und am Streben nach der Wahrheit, zur Erlösung bestimmt sind.

Die alte kleine Stadt Langcliffe bei Settle im Bezirk Craven, Yorkshire wird geschmückt durch Langcliffe Hall, das vermutlich ein durch Henry Somerscales 1602 vorgenommener Umbau eines früher an jener Stelle stehenden Gebäudes ist. Der erste Dawson, der das Gebäude als Familiensitz beanspruchte, war Christopher Dawson (1647-1693). Verschiedene Autoren haben behauptet, dass dessen Sohn William Dawson ein berühmter Mathematiker, Schüler und Freund von Sir Isaac Newton (1642 – 1727) war, der Langcliffe Hall besucht hatte. *(gemäß der Info auf der Langcliffe.net – Webseite von MJSlater)*

Es gibt unzählige Quellen, die meisten aus dem 19. Jahrhundert, die die erstaunliche Behauptung vorbringen, dass Sir Isaac Newton mit dem beeindruckenden Gebäude in Verbindung steht. Doch ist wirklich etwas Wahres daran? Zunächst sollte erwähnt werden, dass Langcliffe Hall meine Aufmerksam lediglich dadurch auf sich zog, dass es die letzte „Haltestelle" auf der Ley Line der Sonnenuhr in nördlicher Richtung war. Aber hätte ich es nicht riskiert, diesen Aspekt der Energielinie und der Landschaft um die Sonnenuhr herum zu untersuchen, dann hätte ich den Zusammenhang zwischen Newton und der Sonnenuhr nicht so ohne weiteres entdeckt. War das nur Zufall oder musste es einfach so sein?

Am 24. April 2012 machte ich mich mit meiner Frau Helen auf den Weg nach Langcliffe, hauptsächlich um ein paar Bücher zu holen, die wir oft in der Kirche dort kauften. Ich bemerkte, dass die neugefundene Ley Linie entlang dieser Strecke von einer alten Chaussee überbaut war, die direkt auf das Grundstück von Langcliffe Hall führte, das jetzt durch einen hohe Mauer gesichert ist, was kaum Gelegenheit bietet, das Gebäude näher zu betrachten. Aber als ich durch einen Spalt in der Mauer spähte, der sich an der Rückseite der Langcliffe Hall befindet, konnte ich einen Berghang ausmachen mit wunderschönen Gärten und Teichen. Ich bemerkte etwas, das aussah wie ein kleiner Obstgarten und Apfelbäume, die dort versprengt standen.

Später an jenem Tag beschloss ich, dass ich eine Internetsuche über Langcliffe Hall starten würde in der Hoffnung, dass ich etwas darüber finden würde, dass man es auf einer uralten Stätte errichtet hatte und dass es möglicherweise in Verbindung stand mit der Ley Linie und der Sonnenuhr. Zu meinem größten Erstaunen fand ich dann etwas auf der Webseite von Langcliffe, wo ich lesen konnte, dass Dr. T.D. Whitaker, Autor von *„The History and Antiquities of the Deanery of Craven in the County of York"* (Erstausgabe 1805) eine behutsame Andeutung notiert hatte: *„Major (William) Dawson war ein gebildeter und belesener Mann und angeblich die erste Person in Nordengland, die die Newtonschen Gesetze verstanden hat.".* W. Howson hat in seinem Buch *„An illustrated guide to the curiosities of Craven (1850)"* kommentiert, dass *„Sir Isaac angeblich ein gelegentlicher Besucher von Langcliffe Hall war, der eine Gartenlaube gebaut hat, die in den Gärten immer noch existiert. Die war sein bevorzugter Rückzugsort für philosophische Meditationen."*

Das waren faszinierende Neuigkeiten für mich. Newton, einer der vielleicht wichtigsten Menschen, die je auf der Erde gelebt haben, hier in diesem winzigen Dorf nur eineinhalb Meilen vom Berghang de Castleberg in Settle entfernt, dessen Anblick er wohl an den Tagen genossen hat, als er in seinem wundervollen Garten gesessen hat und meditiert hat? Mit Sicherheit hat er die Sonnenuhr gekannt und sie sogar besucht, vielleicht sogar gewusst, was sie wirklich war? Meine Gedanken gingen mit mir durch angesichts dieser vielen Möglichkeiten, die sich da eröffneten.

Ich suchte nach weiteren Hinweisen oder Informationen über Sir Isaac Newton und seine mögliche Verbindung mit der Gegend um Langcliffe. Aber ich konnte nichts weiter finden als eine Aufzeichnung in Cambridge über seine Freundschaft mit einem gewissen William Dawson. H. Speight berichtet in *„The Craven and North-West Yorkshire Highlands (1892)"* überschwänglich:

„Er (William Dawson) war ein Mann von erstklassigen Leistungen und es wird behauptet, dass er einer der wenigen lebenden Personen seiner Zeit war, der Sir Isaac Newtons „Principia Philosophae" verstehen konnte, eine gelehrte und

vieldiskutierte Arbeit, die verschiedene mathematische Gesetzmäßigkeiten und Philosophien beinhaltet, deren Haupterrungenschaft oder –entdeckung das universelle Gravitationsgesetz ist, das sich aus der Bewegung des Mondes ableiten lässt. Dieses wichtige Buch wurde 1687 veröffentlicht. Der große Philosoph war angeblich ein gelegentlicher Besucher von Major Dawson in Langcliffe, der extra für ihn eine Gartenlaube gebaut hatte, in der er viele Stunden in Meditation versunken verbracht hat und nicht selten auch im gelehrigen Gespräch mit seinem Freund währen des gemeinsamen Pfeifenrauchens.

Bevor der Garten und die Außengebäude umgebaut wurden, gab es dort eine Krähenkolonie und einen kleinen Obstgarten an der Nordseite des Hauses, wo heute der Gemüsegarten steht und immer noch zwei Apfelbäume übrig sind. Hier stand einst Newtons Gartenlaube und die beiden Obstbäume entstammen abgeschnittenen Zweigen des alten Baumes, der einst vom Major gepflanzt wurde, um sich an die großartige Entdeckung des Philosophen, das Gravitationsgesetz, zu erinnern. Denn die gut bekannte Geschichte erzählt, dass er es entdeckt hat, als er einen fallenden Apfel beobachtete, während er allein in seinem Garten in Woolsthorpe in Lincolnshire saß."

Der erste Dawson, der Langcliffe Hall in Besitz nahm, war Christopher (1647-1693) und es war sein Sohn William, der dieser bekannte Mathematiker und gelehrte Schüler war. Es ist sehr wahrscheinlich, dass er Isaac Newton kannte, da sie beide zur selben Zeit in Cambridge gewesen waren und möglicherweise auch befreundet waren. Es ist auch sehr gut möglich, dass Dawson Newton auf die Sonnenuhr aufmerksam gemacht hat und zwar aus zwei wichtigen Gründen. Einer ist, dass Newton Sonnenuhren liebte und selbst Modelle anfertigte, wie das, welches er in seinen frühen Jahren in die Hauswand seiner Familie in Bookstore eingemeißelt hatte. Der zweite Grund ist, dass die Sonnenuhr von Settle angeblich zu jener Zeit die größte auf der ganzen Welt war, etwas, das er ganz gewiss nicht verpassen wollte! Newton hatte außerdem ein sehr großes Interesse an Archäologie und wäre fasziniert gewesen von der Tatsache, dass die Sonnenuhr ein uralter Megalithbau war, der auf einer Leylinie positioniert wurde zusammen mit all den anderen Elementen, die wir bereits besprochen haben. Für jemanden wie Newton wäre dieser Platz ein Paradies für einen forschenden Geist gewesen.

Wir sollten betonen, dass eine Reise über große Entfernungen zu jenen Zeiten nichts war, was man jeden Tag ganz leicht bewältigen konnte. Reisen mit der Kutsche begannen 1658 in diesem Teil von Yorkshire und für die Strecke von London nach York brauchte man vier Tage. Newton, das ist sicher, war kein Reisender, aber es gibt Aufzeichnungen, die zeigen, dass er andere Teile des Landes wie z.b. Towchester (1672) zwei Wochen lang besucht hat.

Es hat vielleicht noch einen dritten Grund für seine Reise nach Yorkshire gegeben und speziell für die Reise in das Gebiet um Langcliffe. Zu jener Zeit hatte nur eine von 40 Schulen im ganzen Land und zwar die in der Nähe von Giggleswick (ca. 1 ½ Meilen von Langcliffe entfernt) den Standard, seinen Schülern einen Abschluss anzubieten, der sie für ein Studium in Cambridge befähigte und eine ungewöhnlich hohe Anzahl der Einwohner haben diesen Schulweg beschritten. Es ist heute noch eine Privatschule und Kirche. Man sagt, dass Isaac Newton mit anderen Schülern dieser Schule befreundet war, darunter auch mit der Paley Familie, örtlichen Grundbesitzern. William Paley schrieb 1794 ein berühmtes Buch namens *„Evidences of Christianity".*

Weitere wichtige Informationen und Beweise für Newtons Besuche in Langcliffe findet man in John Peiles Personalakte des Christ's College (1505 – 1905) und der früheren Stiftung „God's House" 1910:

„Dawson William, Sohn des Christopher, geb. in Langcliffe, Giggleswick School unter Mr. Armitstead. Aufgenommen von Mr. Lovett am 2.01.1691 im Alter von 15. BA 1695/6. Zulassung zu Gray's Inn Oktober 1693. Verheiratet mit Jane Pudsey. Freund von Sir Isaac Newton, der ihn in Langcliffe besuchte."

Die akademische Lehrmeinung stellt Newton immer als Begründer der modernen Wissenschaften dar, aber es gibt noch eine andere, verborgene Seite an diesem berühmten Mann. Tatsächlich hat man kürzlich herausgefunden, dass *Sir Isaac Newton (Foto Unten)* ein Häretiker war, der seinerzeit insgeheim die Künste der Alchemie und Hexerei praktiziert hat. Zweifellos war er einer der ursprünglichen Wahrheitssucher:

Er schrieb: *„Plato ist mein Freund, Aristoteles ist mein Freund, aber mein bester Freund ist die Wahrheit."* Viele von Newtons Entdeckungen wurden in einem Zeitraum von nur 18 Monaten gemacht und zwar in der Zeit von 1665 bis 1667:

1660 – Schulbeginn im College in Cambridge.

1665 – in Woolsthorpe legte er das Fundament für sein Gravitationsgesetz und der Legende nach fiel während dieser Zeit der berühmte Apfel vom Baum des Obstgartens.

1667 – Er wird ein Fellow des Trinity College (Cambridge)

1668 – Er wird Parlamentsmitglied

1669 – Er wird Master der Royal Mint (Münzprägeanstalt England)

1671 – Er wird gewähltes Mitglied der Royal Society.

1687 - Die *Philosophiae Naturalis Principia Mathematica*, sein berühmtestes Werk, wird veröffentlicht

1703 – Er wird Präsident der Royal Society.

1705 – Queen Anne schlägt ihn zum Ritter

Abb. 31: Sir Isaac Newton.

Es ist schwer vorstellbar, wie Newton sich die ganze Zeit über in die okkulten Wissenschaften und Belange vertiefen konnte. Wenn die Öffentlichkeit oder die Kirche davon erfahren hätten, hätte man ihn wegen Häresie ins Gefängnis gesteckt. Wir können halbwegs sicher sein, dass er Langcliffe nach 1665 besucht hat, weil wir Informationen haben, die zeigen, dass er die Geschichte über den fallenden Apfel und die Gravitation bei seinem Besuch den Dawsons erzählt hat.

„Bevor der Garten und die Außengebäude umgebaut wurden, gab es dort eine Krähenkolonie und einen kleinen Obstgarten an der Nordseite des Hauses, wo heute der Gemüsegarten steht und immer noch zwei Apfelbäume übrig sind. Hier stand einst Newtons Gartenlaube und die beiden Obstbäume entstammen abgeschnittenen Zweigen des alten Baumes, der einst vom Major gepflanzt wurde, um sich an die großartige Entdeckung des Philosophen, das Gravitationsgesetz, zu erinnern."

Und wir finden den Hinweis darauf, dass er seine Besuche nach der Veröffentlichung der *Philosophiae Naturalis Príncipe Mathematica* fortgesetzt hat, die 1687 erschienen ist:

„Major (William) Dawson war ein gebildeter und belesener Mann und angeblich die erste Person in Nordengland, die die Newtonschen Gesetze verstanden hat."

Es war etwa zu dieser Zeit, dass *„The Folly"* beim Castleberg gebaut wurde und es ist wahrscheinlich, dass Newton davon gewusst hat, da es so nah bei der Sonnenuhr lag. Aber sein Interesse daran wird in den historischen Aufzeichnungen nicht erwähnt und bleibt ein Rätsel. Wollte jemand zur damaligen Zeit nicht, dass irgendwelche Verbindungen zwischen Newton und dem Heidentum bekannt wurden? Dokumente, die bei einer Auktion ersteigert wurden und sich nun in Jerusalem befinden, zeigen, dass Newton ein sehr geheimnisvolles Leben geführt hat. Schon sehr früh hat er die Göttlichkeit Jesu und die Heilige Dreifaltigkeit abgelehnt, dies aber nie öffentlich gemacht sondern erst auf seinem Sterbebett zugegeben. In den frühen 1670er Jahren war er zu einem Untergrund-Häretiker geworden und glaubte, dass er von Gott dazu auserkoren worden war, die Geheimnisse zu entschlüsseln, die unsere Ahnen in ihren Arbeiten verborgen hatten. Er war fasziniert von der Geometrie von Salomons Tempel, von dem er glaubte, dass dieser eine Blaupause für das okkulte Geheimnis des Universums sei.

Nach seinem Tod im Jahr 1727 machte sich klammheimlich eine Gruppe von Zensoren daran, seine Werke zu durchforsten und stellten sicher, dass man ihn nur für seine Fortschritte in den mechanischen Wissenschaften im Gedächtnis behalten würde. Viele seiner Aufschriebe über die Alchemie wurden abgestempelt als „zum Drucken ungeeignet" und blieben für mehr als 400 Jahre vor der Öffentlichkeit verborgen! Seine mechanische Weltsicht des Universums ist heute weltweit akzeptiert, aber es wurde im 18. Jahrhundert viel unternommen, um seine Sicht zu degradieren und sie mit einem spirituellen Konzept von Gott zu unterlegen und dem Hinweis, dass er ein Wahrheitssuchender war. Newton behauptet: *„Die Wahrheit entspringt der Stille und der ununterbrochenen Meditation".*

Das Ausmaß des Betruges derjenigen, die versuchten, Newtons okkulte Interessen zu verstecken, lässt sich an der Anzahl der Aufschriebe ablesen, die er ihnen gewidmet hat (und von denen es möglicherweise noch viel mehr gegeben hat, die aber zerstört worden sind): es waren mehr als 4000 Seiten. In diesen bringt er zum Ausdruck, wie Gott das Universum erschaffen hat und wie es für Menschen möglich wäre, so dachte er, die Werke Gottes nachzuahmen, um Wunder der Natur zu erschaffen. Er behauptete wiederholt, dass er glaubte, von Gott dazu auserwählt worden zu sein, dieses Geheimnis zu entschlüsseln.

Newton besuchte Stonehenge in seinen Gedanken (vielleicht ein Fall von Fernwahrnehmung?) und stellte sich den Ort als sehr alten Tempel vor, der den Vorfahren das Wissen enthüllt hat. Newton sagte, dass die Vorfahren wussten, dass die Planeten die Sonne umkreisen. Wie konnte er das wissen? Hatte ihm das jemand gesagt? Denn einen solche Behauptung wäre schwierig zu beweisen und scheinen nicht den Beobachtungen von jemandem zu entspringen, dessen Ziel es war, seinen Theorien zu beweisen. Newton hatte keine Theorien, vielleicht wusste er, dass dies Tatsachen waren, und das Wissen darüber hatte er durch okkulte Mittel erhalten? Er gab auch an, dass Stonehenge das Sonnensystem darstellte und dass es ein echtes Feuer in seiner Mitte gehabt hatte. Könnte dies auch ein Code gewesen sein? Das Feuer repräsentiert die Energie des Sternentores im Zentrum der Steine – sicherlich wurden in der heutigen Zeit orangene Lichtbälle aus Plasmaenergie bei den Steinkreisen gesichtet.

Seine bekannteste Arbeit, die *Philosophiae Naturalis Principia Mathematica* beinhaltet das Newtonsche Bewegungsgesetz und das universelle Gravitationsgesetz. Und das waren großartige und noch nie dagewesene Erkenntnisse der Physik bis zu diesem Zeitpunkt. Mit dieser Veröffentlichung änderte Newton die Art wie wir die Welt betrachteten für immer. Es hat sich herausgestellt, dass Newton seine alchemistischen Bezüge in seinen Arbeiten versteckte und tatsächlich behauptete, dass die Gravitation in einer eher esoterischen Art und Weise erklärt werden könnte. Wie er das jedoch erreichen wollte, ist nie ans Licht gekommen.

Die Originalausgabe von 1687 nennt nur Gott als Referenz und Schöpfer von allem, aber in den späteren Ausgaben scheint er die Rolle von Gott als Allmächtigem Schöpfer des Universums noch zu betonen.

Was versteckt sich nun hinter der Geschichte von Newtons Besuch in Langcliffe? Es wird vielleicht klarer wenn man den weiteren Kontext von Newtons Weltsicht und den Einwohnern von Langcliffe und der Gemeinde Giggleswick betrachtet. Die Geschichte wird erst so richtig bemerkenswert, wenn man die Rolle der Mathematik und Naturphilosophie näher betrachtet, die zu Newtons Zeit essentiell war für das Verständnis der Kräfte, die das Universum zusammenhalten und der mathematischen Beschreibung der Bewegung der Himmelskörper. Viele Studenten aus der Schule von Giggleswick gingen zum *Christ's College* oder waren sogar zur selben Zeit dort wie Newton:

Roger Altham, Hugh Armitstead (BA 1672/3), Robert Armitstead (BA 1662/3), Robert Banks (BA 1670/1, MA 1675), Henry Bradley (BA 1670/1), John Carr (geb. Langcliffe 1630?, verstorben 1675, Sohn des William, MB, MD, Fellow 1662-5, FRCP 1669/70, Regius Professor of Physic), John Carr (geb. in Langcliffe, Sohn des William, BA 1664/5), Richard Carr (BA 1667, MA 1671), Thomas Catterall (BA 1666), Oliver Craven (BA 1665/6), Christopher Dawson, Thomas Gibson, Edmund Green, Thomas Paley (BA 1671/2), Ambrose Stackhouse (BA 1670/1, MA 1674), und Richard Tennant (Priesterweihe in York, 1664). Christopher Dawson, geb. in Langcliffe 1647, ging zur Giggleswick School und wurde als Rentner zum Christ's College zugelassen unter Mr. Standford 1663 (wie auch viele andere Studenten hat er aber keinen Abschluss gemacht) Daher sollte er sich der Anwesenheit von Newton bewusst gewesen sein und hätte durchaus mit ihm befreundet sein können. Christopher's Sohn William ging auch zum Christ's College im Schuljahr 1691/92 und erhielt seinen Abschluss 1695/96.

(Hinweis: BA= Bachelor of Arts, Hochschulabschluss in Geisteswissenschaften)

Während seiner Zeit in Cambridge könnte William sehr wohl mit dem viel älteren Newton befreundet gewesen sein, der mittlerweile für seine Arbeit hoch angesehen war und der sich möglicherweise an seine Bekanntschaft mit Williams Vater Christopher erinnerte. William wurde im Oktober 1693 zur Anwaltskammer „Gray's Inn" zugelassen und hat möglicherweise dort im Studentenwohnheim gewohnt, wie es damals für

Studenten üblich war. William wurde jedoch nicht als Anwalt zugelassen, daher ist es nicht bekannt, wie lange er wohl in London gewohnt hat. Newton ist oft nach London gereist zu seiner Zeit und es ist bekannt, dass er einen Freundeskreis junger Freunde in London hatte, in dem wohl auch William willkommen gewesen ist. Ganz besonders wenn er außerordentliche mathematische Fähigkeiten besessen hat und es verstanden hat, mathematische, theologische und philosophische Probleme mit Newton zu diskutieren und mit anderen in den Kaffeehäusern jener Zeit. Seit Newton 1690 ein Parlamentsmitglied geworden war, *„schloss er neue Bekanntschaften mit denjenigen, deren Unterstützung und Zuspruch seine gewohnte Reserviertheit auftauen ließ."*

Bereits kurz darauf wurde er zum Präsidenten der *Royal Society* und zwei Jahre später wurde er zum Ritter geschlagen. Es wäre um diese Zeit herum gewesen, dass er sich der Wichtigkeit der Gegend um den Castleberg bewusst geworden ist und die Bedeutung der Sonnenuhr von Settle, dem größten Tempel seiner Art, den man damals auf der ganzen Welt finden konnte. Wir können sehen, dass es eine ganze Gruppe von gelehrten jungen Männern gab (nicht nur Newton allein), die von der Mitte bis zum Ende des 17. Jahrhunderts ein Interesse an der Gegend um Settle hatten, und die sich untereinander von ihrer akademischen Arbeit her kannten, aber vielleicht auch aufgrund einer Geheimgesellschaft, die möglicherweise später zur Freimaurergesellschaft dieser Region wurde?

Bezüglich Newtons Freundschaft mit Samuel Pepys in den späteren Jahren in London: Pepys Bruder John war am Christ's College, Cambridge im Jahr 1660 und schloss dort mit BA ab während Newton dort war und später war auch Pepys Neffe dort (1695) und ein Cousin (Roger Pepys, der Anne Bankes von Giggleswick 1640 heiratete). Ein Stückchen weiter entfernt, in Bradford, lebte Abraham Sharp (1653 – 1742) in Little Horton (Horton Hall wo er geboren wurde und wohin er 1694 zurückkehrte wurde vor einigen Jahren abgebrochen). Abraham Sharp war Assistent, astronomischer Instrumentenmacher sowie Vertrauter von John Flamsteed, dem Hofastronom in Greenwich, und ein sehr fähiger Mathematiker.

Seine Gedenktafel in der Bradford Cathedral sagt:

„Er gehörte mit Fug und Recht zu den fähigsten Mathematikern seiner Zeit. Er genoss die dauerhafte Freundschaft der sehr berühmten Männer desselben

Rufes, dem bemerkenswerten Flamsteed und dem illustren Newton. Er zeichnete die Beschreibungen des Himmels auf, die zuvor von Flamsteed in astronomischen Tabellen von höchster Genauigkeit erfasst worden waren und er veröffentlichte anonym verschiedene Schriften und Beschreibungen von Instrumenten, die er selbst perfektioniert hatte...“

Sharps Aufzeichnungen sind bei einem Feuer verloren gegangen, daher ist nur wenig über seine mathematische Arbeit bekannt. Während Sharp von 1684 – 1690 in London arbeitete, wurde er ein Freund einer Gruppe von praktizierenden Mathematikern, die sich häufig in den Kaffehäusern trafen. Sharp war unverheiratet und sorglos mit seinen Mahlzeiten, er führte im Alter ein zurückgezogenes Leben – ähnlich wie Sir Isaac Newton in seinen jungen Jahren – und er kannte laut Cudworth (1886) einen Mr. Dawson (jedoch wahrscheinlich einen der Dawsons aus Bradford, nicht aus Langcliffe). Gab es womöglich noch andere erstklassige Mathematiker, mit denen sich Newton gerne unterhalten hatte während er sich in Langcliffe aufgehalten hat und wo er sich bei einem kurzen Besuch von seiner anstrengenden Arbeit in der Universität oder der Münzprägerei erholen konnte? Newton hat sich mit Sicherheit mehrmals für ein oder zwei Wochen von Cambridge weggeschlichen, doch über seine Aufenthaltsorte während dieser Zeit ist in manchen Fällen nichts bekannt.

Die Freimaurer erschienen erstmals öffentlich in Settle am 7. Juni 1774 und waren bekannt als die *„Atholl Masons“*, die sich im *Black Bull Inn* trafen, das einst auf der östlichen Seite des Marktplatzes gestanden hat. Diese Gruppe hat nur 15 Jahre lang existiert (so wurde uns gesagt) und danach gab es für über hundert Jahre keine Lodge mehr! Falls irgendetwas Wahres dran ist, dass Isaac Newton Langcliffe besucht hat, um esoterische Arbeiten an der Sonnenuhr durchzuführen, dann hätten sie davon gewusst und hätten gewollt, dass dieses Geheimnis unentdeckt bleibt.

Von da an waren es nur noch vier Jahre bis 1778, wo Buck & Feary die falsche Darstellung der Sonnenuhr der Öffentlichkeit präsentierten, die von der Regierung bestellt worden war. Jeder praktizierende Freimaurer der *Atholl Lodge* in Settle hätte sicherlich ein Wissen aus erster Hand darüber gehabt, was zu der Zeit vor sich gegangen ist und sie wären sich bewusst gewesen, dass die Leute aus Settle nicht glücklich über die Art und Weise waren, in der „ihr“ Monument dargestellt worden ist.

Zu der Zeit gab es immer noch heidnische Rituale und obwohl die Freimaurer oft eine Art Christentum praktizierten, waren sie dennoch öfter in Rituale involviert, die sich traditionell auf ältere Ausführungen beriefen – oder hatten sie sich das so ausgesucht? Newtons Aufzeichnungen, die Jahre nach seinem Tod veröffentlicht worden sind, zeigten ganz klar, dass er das Christentum abgelehnt hatte und das wofür die Kirche stand – für Falschheit und Lüge soweit es ihn betraf – und dafür die Ansicht vertreten hatte, dass unsere Vorväter die ursprünglichen Bewahrer der Wahrheit waren.

Aber von welchen Vorvätern sprach er? Die tatsächlichen „ersten Menschen", die die Megalithstrukturen erbauten oder die Ahnen, wie sie die ersten Freimaurer nannten – die Bewahrer der alten Wahrheit die den Platz des Menschen im Universum betrifft und die auch bekannt sind als die *„Atholl Freimaurer"*.

Viele alte Logen hielten am 24. Juni ein Fest ab zur Sommersonnenwende, dem heidnischen Feiertag, aber zu Beginn des Christentums wurde daraus der Tag von Johannes dem Täufer („St. John the Baptist Day"). Die Freimaurer hielten auch am Tag der Wintersonnenwende, dem 27. Dezember eine Feier ab, welche ebenfalls einem heidnischen Feiertag entsprach und zum Tag von Johannes dem Evangelisten („St. John the Evangelist Day") wurde. Obwohl auch andere Heilige in hohem Ansehen standen bei den Freimaurern, inklusive der Quatuor Coronati („Vier Gekrönten Märtyrer") wurden die beiden heiligen „Saint Johns" als Schutzpatrone der Freimaurer übernommen, was ihnen alte Namen wie „St. John's Lodge" oder „Die Männer von St. John" einbrachten.

Zu Beginn der spekulativen Freimaurerei wurde das Offizierkorps der Logen für sechs Monate fix eingesetzt, üblicherweise jeweils an den Festtagen der zwei Heiligen Johannes. Heutzutage werden die Feste der Freimaurer üblicherweise jährlich abgehalten, z.B. am *St George's Day* in England, dem *St Patrick's Day* in Irland und dem *St Andrew's Day* in Schottland. *(Circle of Prayer Website)*.

Sogar heute noch werden Versammlungen in der *Castleberg Lodge* am *Chapel Square* in Settle abgehalten, die jedoch versteckt und heimlich ablaufen wie wir bereits gesehen haben und die mit dem Vollmond zusammenzuhängen scheinen. Versammlungstag ist der Donnerstag an oder vor dem Vollmond *(lt. http://wrprovince.net/lodge-information/?lodge=2091)*

Uns wurde gesagt, dass viele frühe Logen sich üblicherweise bei Vollmond trafen, ganz einfach weil es leichter war, wieder nach Hause zu finden, wenn der Mond die dunklen Seitenstraßen und Pfade beleuchtet hat. Dies könnt eine Erklärung gewesen sein, wer weiß, aber kann man wirklich annehmen, dass erwachsene Männer, ranghohe Freimaurer, sich gefürchtet haben, in der Dunkelheit nach Hause zu laufen, egal ob mit oder ohne Mondlicht? Nein, diese Verbindung mit dem Mond hat wohl ihre Wurzeln in alten heidnischen Zeremonien, die bereits vor langer Zeit vergessen worden sind.

In der Freimaurerei wurde der Mond schon immer mit dem *Senior Warden in the West* (dem obersten Hüter des Westens) assoziiert, der der Ägyptischen Tradition zufolge diese Richtung mit dem Mond verbindet. Da der Mond nur eine Reflektion des Sonnenlichtes ist, spiegelt der *Senior Warden* ebenfalls das „Licht" des Meisters. Das ist nur eine Allegorie und wir sollten stets bereit sein, nach tieferen Bedeutungen Ausschau zu halten. Dies ist das Geheimnis der Freimaurerei: verstecke die Wahrheit offen sichtbar für alle, oder in diesem Fall, offen lesbar für alle. *„Know the truth of the secret, but do not realise it!"*

Wir wissen, dass Newton fasziniert war von der Bewegung des Mondes und wusste, dass dieser den Schlüssel zu seinem Gravitationsgesetz barg. Er war auch interessiert an dem „Großen Licht" der Sonne und es waren genau diese beiden Elemente, die er für den Schlüssel zur Enträtselung der Mysterien des Universums und dem Verständnis von Gott hielt. Er glaubte, dass der Schöpfer diese Schlüssel in der Landschaft verborgen hielt (was die ersten Menschen völlig nachvollziehen konnten) und dass die Heiligen Stätten das Licht von Sonne und Mond zurückwarfen (d.h. illuminierten). Das „Licht" des Meisters war das Gefäß für das versteckte Wissen der Vorfahren. Und dies konnte erworben werden durch Rituale und Meditationen zu ganz bestimmten Zeiten des Sonnenkalenders z.B. oder vielleicht bei Vollmond.

Die Sonnenuhr von Settle am südlichen Berghang des Castlebergs sieht in Richtung den westlichen Horizont über Ribble Valley hinweg und wird von zwei Energielinien durchschnitten, die von Norden nach Süden verlaufen. Um die Balance in dieser esoterischen Landschaft zu finden, müssen wir nach einer heiligen Position im Westen des Portals Ausschau halten. Diese finden wir in der runden Kapelle der Schule von

Giggleswick, wo so viele von Newtons Freunden ihren Abschluss gemacht haben – eine zentral geplante Kirche, basierend auf dem Kreis, nicht auf dem Kreuz als Symbol des Göttlichen. Newton hat das christliche Kreuz als falsch zurückgewiesen und die älteren Wege der vorchristlichen Zeit als bessere Interpretation der Begegnung zwischen Mensch, Natur und dem Schöpfergott betrachtet. Und er wusste, dass ihre Steinkreistempel den Schlüssel zu allem enthielten. Tempel waren nicht nur Stätten der Anbetung, sie waren gebaut worden, um die Heiligkeit hervorzuheben, das Unsichtbare sichtbar zu machen, die Erkenntnis dessen, was bekannt ist, aber bisher nicht erfahren wurde. Der Entwurf und der Freimaurerische Einfluss auf die Kapelle in Giggleswick sind der Schlüssel für die Balance innerhalb der heiligen Landschaft. Und wenn wir diese Balance erkennen und in unserem Zeit-Raum-Raster des Geistigen Auges festhalten, können wir das Wissen des Sternentores erlangen.

Abb. 32: Giggleswick Chapel von der westlichen Seite gesehen. Foto: Nigel Mortimer

Die Kapelle war das Geschenk von Walter Morrison von Malham zur Feier des Diamantenen Thronjubiläums von Queen Victoria. Er beauftragte T.G. Jackson, einen führenden Architekten zu jener Zeit, und die Arbeit begann 1897 und wurde 1901 fertiggestellt. Das Bestreben des Architekten war es, ein Gebäude im gotischen Stil zu entwerfen mit einem Dom nach

Vorgaben von Morrison und es so aussehen zu lassen, als würde es sich ganz natürlich in die Landschaft einfügen. Es war außerdem Morrisons Wunsch, dass das Gebäude in jeglicher Hinsicht fertiggestellt und verziert wurde und keinerlei Spielraum ließ für spätere, lieblose Eingriffe in diese Arbeit. Und so wurde die Kapelle ein seltenes Beispiel für ein Gebäude, das detailgetreu von ein und derselben Person, entworfen und fertiggestellt wurde und die auch den Bau persönlich beaufsichtigt und angeleitet hat.

Obwohl Newton privat die Falschheit der Römisch Katholischen Kirche angeprangert und sie zurückgewiesen hat, hat er doch fest an diejenigen geglaubt, die ihr Leben lang die Mysterien der Welt hinterfragt hatten auf der Suche nach der Wahrheit und um Gott zu finden. Er hatte eine ziemlich freimaurerische Einstellung zu den Werten des Lebens: *„Durch das Stellen dieser Fragen scheiden sich jene von denen, die sich hinter dem Betrug verstecken, da die Erbauer dieser verschiedenen Lügen das Hinterfragen als tödlichen Feind ansehen und eine ehrliche Antwort bis aufs Messer bekämpfen – sogar wenn die Antwort lautet, dass derjenige, der antwortet, gar nicht die ganze Wahrheit kennt! Denn der weise Mann wird bereitwillig zugeben, dass das größte Mysterium die Ultimative Wahrheit ist, die vom Großen Architekten der Schöpfung entworfen wurde, in dessen Schatten wir alle stehen."*

Nach der Überlieferung der Freimaurer wird der Schöpfer oder Gott der „Große Architekt" genannt, einer der sich den Plan ausdenkt und entwirft. Und nach Newtons Verständnis ging Gott auf diese Art und Weise an die Wunder dieser Welt und des Universums heran – wie ein Planer und ein Designer der Mysterien, die wir lösen könnten, wenn wir ebenso handeln würden. Alles wurde von Gottes Hand geschaffen seit Anbeginn der Schöpfung und wartet nur darauf, dass wir seinen Code entschlüsseln. Die Geheimnisse der Landschaft könnten großartige Wahrheiten enthüllen, die Erlernung des okkulten Wissens würde nicht mehr missbilligt werden, sondern erforscht werden um die Denkweise Gottes zu enthüllen und das größte Rätsel von allen wäre der Mensch selbst.

Gewiss, es schien klar zu sein, dass Newton schief gewickelt war, was die Entwicklung der Menschheit anging. Es war als hätte er eine Art von Wissen erlangt, die es ihm ermöglichte, ein Freigeist zu werden und Ideen zu entwerfen, die die anderen aus verschiedenen Gründen nicht verstehen konnten. Newtons Ansicht über den menschlichen Intellekt schien denjenigen seltsam vorzukommen, die seine wissenschaftlichen Abhandlungen lasen, aber für die Wahrheitssuchenden von heute sprechen aus ihnen wertvolle und gültige Worte.

Newton vermutete, dass je älter die Zivilisation war, es desto wahrscheinlicher war, dass sie fortschrittlicher, weiser und reiner war. Daher, so dachte er, war die erste Religion die logischste von allen, bis die Völker sie korrumpiert hatten. Das ist so ziemlich dieselbe Information wie die, die ich von meinem Geistführer Sharlek durch mein Channeling erhalten habe als ich nach der Welt vor Atlantis und den ersten Menschen fragte. Man fragt sich, ob Newton in ähnliche Wege der Einsicht eingeweiht war? Er behauptete auch, dass die chronologische Geschichte der Menschheit nicht ganz auf der Höhe sei mit dem was tatsächlich geschehen ist, wiederum eine Information, die ich auch von Sharlek erhalten habe.

Newton schrieb ein langes Buch über das Thema: „*The Chronology of Ancient Kingdoms, Amended*", London 1728 (Herausgeber war sein Stiefneffe John Conduit). Darin bewertet er die Zeit-Skala und ihre Wechselbeziehung zu den großen Zivilisationen der Geschichte neu. Man sagt, dass die modernen Gelehrten die Arbeit so schwer zu entziffern finden, dass man sie möglicherweise eines Tages durch einen Computer laufen lassen muss, um sie zu entschlüsseln.

Newton machte einige Prophezeiungen über die Zukunft. Er verkündete diese nicht öffentlich während seines Lebens, aber viele Jahre später kam heraus, dass er eine Methode genutzt hat, um versteckte Informationen aus den Texten der Bibel zu decodieren. Seine Prognosen basierten auf einem intensiven Studium der jüdischen Geschichte und Lehren. Er lernte Hebräisch, sodass er das Alte Testament in der Originalsprache lesen konnte. Am 26. Juli 1985 sagte in der Hebräischen Zeitung *Hamishmar* Professor Popkin in einem Interview, dass Newton sagte, dass die Juden im 20. Jahrhundert nach Jerusalem zurückkehren werden. In der Interpretation seiner Prophezeiungen benutzte Newton eine Reihe von mathematischen Kalkulationen, inklusive der Gematrie (die die hebräischen Buchstaben eines Namens in ihr numerisches Äquivalent übersetzt).

Ich komme mehr und mehr zu der Überzeugung, dass Newtons Besuche in Langcliffe nur der Anziehungskraft der alten Sonnenuhr zu verdanken war, von der ihm sein Freund William Dawson erzählt hatte. Beide Männer haben sich für Archäologie interessiert, wie wir bereits gesehen haben. Doch bis zum Beweis, dass diese Besuche stattgefunden haben, müssen wir uns mit Spekulationen darüber begnügen, ob er den wahren Sinn der Steine kannte oder nicht? Seine Grübelei über Stonehenge und die frühen Zivilisationen zeigten, dass er wusste, dass die heiligen Tempel ein Tor war, das den Vorfahren bekannt war und von den Völkern der Frühzeit entworfen wurde.

Da er auf gewisse Weise die okkulten Wissenschaften bemühte bei seinen Forschungen über die Welt, vermute ich, dass er auch einen praktischen Weg gefunden hatte, um die Energien an diesen Stellen zu verstehen und mit den Zeitreisenden zu sprechen, die durch das Tor kamen. Es ist offensichtlich, dass er die Art von Person war, bei der das hatte funktionieren können. Er war ein Träumer, ein Visionär, ein Zauberer, also viel mehr als uns die Geschichte über ihn überliefert hat und an das wir uns öffentlich erinnern dürfen.

In ihrem hervorragenden Buch „The Elixir and the Stone" wiederholen Michael Baignet & Richard Leigh, was Lord Keynes über Newton sagte:

„Warum nennen wir ihn einen Magier? Weil er das ganze Universum und alles was darin ist als ein Rätsel betrachtet hat, als ein Geheimnis, das gelesen werden konnte, wenn man einfach seine Gedanken auf die vorhandenen Beweise richtete, auf bestimmte mystische Hinweise, die Gott auf der Welt hinterlassen hat, um der esoterischen Bruderschaft eine Art von Philosophischer Schatzsuche zu ermöglichen. Er glaubte, dass diese Hinweise teilweise in den Hinweisen des Himmels gefunden werden konnten und in der Zusammensetzung der Elemente… Aber auch teilweise in bestimmten Dokumenten und Traditionen, die von den Brüdern ohne Unterbrechung seit der ursprünglichen Enthüllung in Babylon weitergereicht wurden… Durch reine Gedankenkraft und Konzentration, glaubte er, würde sich das Rätsel dem Eingeweihten lüften."

Und das ist genau das, was Newton war: ein Eingeweihter. Die Aktivierung der Zirbeldrüse ist das, was man brauchte, um die Einweihung zu erhalten, die Realisierung, dass der Geist oder die Seele unabhängig vom Bewusstsein reisen kann.

Wenn wir die Geschichte darüber, wie Newton durch einen fallenden Apfel in seinem Obstgarten die Gravitation entdeckte, aus esoterischer Sicht betrachten, dann steckt dahinter eine tiefere Symbolik. Religion und Wissenschaft zu vermischen, war für Newton normal, da er dies als ein und dasselbe betrachtete und oft seine wissenschaftlichen Ergebnisse durch eher okkulte Methoden erhalten hat – aber das war ja damals noch nicht bekannt. Ja, er war ein wissenschaftliches und mathematisches Genie, aber auch ein sehr fachkundiger Magier. Beides zusammen ging für Newton und einiger seiner Zeitgenossen Hand in Hand.

Denken wir wirklich, dass Newton den herunterfallenden Apfel benötigte, um herauszufinden, dass die Gravitation existierte? Er hatte doch jeden Tag die Gelegenheit viele verschiedene Objekte in einer „Fallbewegung" zu sehen. Das wäre ja beinahe wie wenn jemand täglich verschiedene radbetriebene Transportmethoden betrachtet, um dann plötzlich zu bemerken, „dass die Räder sich im Kreis drehen und sich die Gefährte deshalb vorwärtsbewegen". Ich kaufe die Geschichte mit dem Apfel keinem ab. Stattdessen glaube ich, dass Newton sich auf etwas ganz anderes bezog. Ja, es hing natürlich mit seiner Theorie über die Gravitation zusammen, aber es ging viel tiefer. Als ein Bibelgelehrter, der die Kirche und ihre Lehre über bestimmte Aspekte ablehnte, hatte Newton diese Geschichte mit dem Apfel wohl als Gleichnis getarnt, um seine echten Gedanken über Gravitation und Bewegung dahinter zu verbergen.

Newton saß in seinem Obstgarten und meditierte über diese Sache, als plötzlich ohne Vorwarnung ein Apfel von einem Zweig des Baumes fiel und auf dem Boden aufschlug. Newton wusste, dass in esoterischer Hinsicht das Hauptobjekt, der Apfel, in dieser Situation nur eine Sache repräsentieren konnte: Die Frucht der Erkenntnis, genau wie in der biblischen Geschichte über den Garten Eden. Ja, der Apfel fiel vom Apfelbaum zur Erde und ließ ihm die Wahl: Sollte er den Apfel essen oder nicht? Der Baum wurde hier als Hüter des Wissens und der Apfel als Träger des Wissens angesehen. Den Apfel zu essen würde sein Bedürfnis befriedigen, zu „wissen" was man sonst nicht so leicht erfahren würde mit seinen normalen fünf Sinnen. Es ist Teil seiner Suche, dieses versteckte Wissen der Urahnen zu entdecken und dabei würde ihn dieses in Richtung Wahrheit und zu Gott führen. Das ist Newtons geheimes Wissen über die Gravitation und die Bewegung, Bewegung in Richtung des ultimativen Zieles und dabei nutzt er eine Kraft, die für die meisten unsichtbar und unbemerkt bleibt. Als er erst diese Theorie der Gravitation in die „echte" Welt der physischen Sinne gebracht hatte, war es ihm auch möglich, auszurechnen an welcher Stelle sie in die Realität passen würde – obwohl er wusste, dass sie tatsächlich außerhalb dieser Grenzen ihren Ursprung und ihre Existenz hat.

Adam und Eva wurde befohlen, nicht von dem Baum der Erkenntnis zu essen. Dies ist der Baum, der die Unterscheidung von Gut und Böse ermöglicht. Falls sie dennoch essen sollten, würden sie Gott niemals kennenlernen. Wir wissen, dass Eva ein ungezogenes Mädchen war und genau das Gegenteil tat und dafür samt Adam aus dem Paradies verbannt wurde, nachdem die Schlange sie angelogen hatte. „Gott weiß, dass wenn ihr vom Baum der Erkenntnis esst und Gut und Böse unterscheiden könnt, dann werdet ihr wie Gott und ihr könnt für Euch selbst entscheiden, was richtig und was falsch ist."

Genauso fühlte Newton sich auch, er dachte, er hätte nichts Falsches getan. Er hatte nicht wie Adam und Eva von der verbotenen Frucht gegessen, die ihm genau vor die Füße gefallen war und ihm die neuen Ideen gebracht hatte. Er wollte einfach nur Gott erfahren, die Schöpferkraft hinter dem Universum und der Realität und er wusste, dass dies nichts mit Drohungen zu tun hatte bezüglich dessen, was Gut und Böse ist. Es ging nur darum, die Wahrheit zu enthüllen und jeglicher Gott, der eifersüchtig diese Wahrheit bewachte wurde von Newton als eine falsche Darstellung von Gott betrachtet. Daher sagte sich Newton, dass alles in Ordnung wäre und er den Baum der Erkenntnis befragen könnte, um sich nach dem großen Unbekannten zu erkundigen. Die Informationen darüber könnten auf diese Art erhalten werden, ohne dafür den ultimativen Preis zu bezahlen – aber nur solange man ein echter Wahrheitssuchender war.

10 Die Wahrheitssucher

Die Quadratur des Kreises

Wenn man sich auf den Gipfel des Castlebergs stellt und über das Tal nach Westen schaut, dann sieht man ganz deutlich am Horizont die wunderbare Giggleswick Chapel, die wir vorhin schon erwähnt haben. Sie wurde 1897 als Geschenk von Walter Morrison für die Giggleswick School gebaut, dieselbe Schule, die so viele brillante Mathematiker hervorgebracht hatte. In den eigenen Worten des Führers durch die Kapelle lesen wir, dass diese ein Geschenk von Walter Morrison von Malham zur Feier des Diamantenen Thronjubiläums von Queen Victoria war. Sie kam wie ein Blitz aus heiterem Himmel für die Schule, die sich bereits den Kopf darüber zerbracht, was man der Queen schenken könnte. Morrison schlug die Kapelle vor und besorgte T.G. Jackson, einen führenden Architekten zu jener Zeit, mit dem Entwurf.

Es war ein seltsamer Entwurf. Das Fundament der Kapelle wurde so gebaut, dass ihre Mauern in den nackten Fels eingepasst werden konnten, die aus dem Erdboden herausschauten. Mit seiner runden Kuppel aus Kupfer lehnte sich Morrison an die Architektur der Kirchen im Osten an, speziell die aus Palästina. Und man kann auch die Einflüsse der Moscheen erkennen, aber der Dom dieser runden Kapelle erinnert uns an frühe Zeiten, als die runden Kirchen die Norm waren. Derselbe Kirchenführer gibt an, dass ein bestimmter Mann aus Dales sagte: *„Von einem der Männer wird berichtet, dass er sagte, soweit er weiß, würden sie dort einen heidnischen Tempel bauen."*

Es war außerdem Morrisons Wunsch, dass das Gebäude in jeglicher Hinsicht fertiggestellt und verziert wurde und keinerlei Spielraum ließ für spätere, lieblose Eingriffe in diese Arbeit. Und so wurde die Kapelle ein seltenes Beispiel für ein Gebäude, das detailgetreu von ein und derselben Person, entworfen und fertiggestellt wurde und die auch den Bau persönlich beaufsichtigt und angeleitet hat. Wie wir noch sehen werden, hat Morrisons Frau geholfen, andere ähnliche Kirchen in Toronto zu bauen gemäß diesen Vorgaben. Es wurde viel über diese Kapelle berichtet, aber sie behielt auch einige ihrer Geheimnisse für sich. Ich habe beschlossen, mir diese Kapelle buchstäblich aus verschiedenen Winkeln zu betrachten und habe aus der Ferne begonnen auf der gegenüberliegenden Talseite auf dem Castleberg.

Wir haben ja schon die große Haupt-Ley Linie zwischen Cleatop und Langcliffe erwähnt, die durch das Grundstück der Sonnenuhr am Castleberg verläuft und mein erster Verdacht war der, dass es noch andere geben musste, die von Osten nach Westen verlaufen zwischen dem Castleberg und der Giggleswick Chapel als ich die direkte Verbindungslinie zwischen den beiden Punkten sah. Im Mai 2012 beschloss ich dann, entlang dieser Linie zu wandern und zu sehen, ob es darauf irgendwelche besonderen alten Stätten oder Megalithbauten gab.

118

Ich war total verblüfft als ich herausfand, dass dieser Pfad durch Plätze und Orte verlief, die ich schon zuvor besichtigt hatte und zwar ein Jahr vorher zusammen mit meiner Frau Helen. Aber damals hatten wir beide keine Ahnung, dass diese Orte etwas mit der Sonnenuhr zu tun hatten. Damals, ein Jahr bevor wir diese Entdeckung machten, waren wir hier entlang gelaufen nur um Giggleswick zu besuchen und ein paar Bücher zu kaufen!

Im April 2011 hatte ich in den Himmel westlich von Settle geschaut und dort einige linsenförmige Wolken gesehen, die rätselhaft wirkten. Es war 20.30 Uhr und ich war nur kurz nach draußen gegangen um eine zu rauchen als plötzlich ein gleißend weißes rundes Objekt aus diesen Wolken kam, das sich dabei verwandelte und eher metallisch wirkte. Es schwebte leicht nach Norden und schoss dann weit nach Norden davon. Heute weiß ich, dass dieses Objekt genau über der Stelle in der Luft hing, wo sich die Stehenden Steine befinden in der Nähe eines Kinderspielplatzes in Settle.

Abb. 33: Versteckt von der Mauer des Spielparks in Tems, Giggleswick, steht ein kleiner Stehender Stein, der die Ley Linie zwischen dem Castleberg und der Kapelle markiert. Foto: Nigel Mortimer

Abb. 34: Blick zurück auf Harrison's Playing Fields entlang der Ley Linie.
Foto: Nigel Mortimer

Zwei Monate nach dieser vermutlichen UFO-Sichtung, gingen Helen
und ich nachsehen, ob wir in der Gegend unterhalb des Punktes, wo das
UFO im Himmel gehangen hatte, etwas finden konnten. Und tatsächlich
fanden wir einen kleinen, aber sehr alten Stein und auf dem Spielplatz in
Giggleswick gleich noch mehr Steine derselben Art. Es machte den Ein-
druck, dass es hier früher einmal einen Steinkreis gegeben hatte, wo sich
jetzt der Spielplatz befindet.

Nun war ich wieder hier, nach über einem Jahr und lief durch den
Park und besuchte diese Steine, aber mit einer ganz neuen Betrachtungs-
weise. Die Mauern um den Park waren offensichtlich aus vor-
viktorianischer Zeit und mir fiel sofort ein Loch in der Wand auf, durch
das ich genau auf die Kapelle sehen konnte! Sie war viel größer als ich sie
mir von meinem Aussichtspunkt auf dem Castleberg aus vorgestellt hatte
und sie war höchst beeindruckend. Und ich stand da und war fasziniert
und verzaubert, sogar der Boden, auf dem sie stand, sah uralt aus, wie
eine Miniaturausgabe einer Gotischen Kapelle, die stolz auf einem längst
vergessenen Grabhügel thront.

Als ich die Kapelle aus der Nähe betrachtete, suchte ich zuerst nach dem Symbolismus in der Architektur, da ich davon ausging, dass Morrison gewisse Symbole hier eingebaut hatte. Es war bekannt, dass er eine Einflussreiche Person in Settle und Malham war und gerne und oft durch die umliegenden Hochmoore streifte und außerdem eine Vorliebe für Archäologie besaß. War er womöglich mit Settles größtem Geheimnis, der Sonnenuhr, vertraut? Wusste er, dass sie so etwas wie ein kosmisches Portal, ein Tor zu einer anderen Dimension, ein Fenster in Gottes Himmel war?

Warum hätte er die Kapelle in einem so ungewöhnlichen Design bauen sollen? Eine runde Kapelle mit einem Kuppeldach auf der Spitze eines klar ausgeprägten Hügels? Ein Blick auf die Karte verriet mir, dass die Topographie dieser Gegend das Grundstück, auf dem die Kapelle stand, tatsächlich sehr bedeutungsvoll machte.

Ich fragte mich, ob Morrison wusste, dass diese Stelle, die er für den Bau ausgesucht hatte, ein uralter und heiliger Grund und Boden war und falls ja, warum wusste er es? Sein Interesse an Archäologie und der Jungsteinzeitlichen Funde in den örtlichen Höhlen hätten ihm vielleicht genügend Wissen vermittelt, um die antiken Siedlungen und Stätten der Anbetung zu verstehen. Er hätte mit den Stehenden Steinen und den Steinkreisen, Grabhügeln, Hügelgräbern und alten Brunnen etc. vertraut sein können, die alle hier in der Umgebung seiner Heimatstadt in den Hügeln zu finden waren.

Ich ging um die Kapelle herum und war auf das Gebäude fixiert, aber ich beachtete auch den Boden drumherum. Die Kapelle war wie ein eigenständiges Lebewesen, das aus der felsigen Erde entspringt und fühlte sich an, als würde sie wachsen und größer werden, sich ausbreiten. Dies war zweifellos ein heiliger Boden. Ich blieb stehen und schaute von der Kapelle über das Tal hin nach Osten und konnte ganz leicht den Fels des Castlebergs erkennen, der über der Gemeinde im Tal hing. Ich verfolgte die Leylinien, auf der ich hergekommen war und notierte alle Orte, an denen ich vorbeigekommen war, um ihre frühgeschichtliche Bedeutung zu prüfen. Ich stellte fest, dass diese Leylinie in Nord-südlicher Richtung von Langcliffe zum Cleatop Circle führte und plötzlich dämmerte es mir: Alle drei Stätten wurden durch gerade Linien miteinander verbunden und durch antike Stellen in der Landschaft markiert!

Neben der Kapelle befindet sich ein Tor, genau neben dem Weg, der in den Untergrund unter der Kapelle führt. Das Tor ist nicht antik und auch nicht sehr alt, aber die zwei stehenden Steine an beiden Seiten, an denen es befestigt ist, sind es. Ich lief zu dem Tor und schaute hindurch. Die Landform dahinter fällt nach Westen ab und trifft auf einen Höcker oder einen Bodenwelle in dem Feld bei dem alten Hügelgrab auf der Seite, wo ich die Quelle bemerkt hatte. Als ich mich von dem Tor abwendete, traf es mich wie ein Schlag: innerhalb des Tores befand sich ein Muster in der Holz-Paneele: ein Hexagramm! Ich hatte dieses Hexagramm schon zuvor als Motiv im *„The Folly"* entdeckt im Torbogen des Haupteinganges.

Auf der Westseite der Kapelle (der Gebäudefront) über dem Hauptportal gibt es ein ganz großartiges Fenster. Solange man nicht tatsächlich genau darunter steht, kann man es gar nicht richtig sehen, dahinter gibt es nur Bäume und die Moorlandschaft in einiger Entfernung. Es ist eine gigantisches Konstruktion der *„Blume des Lebens"* und darin das Symbol der heiligen Geometrie die das Hexagramm zeigt – die fundamentale Form von Raum und Zeit. Der runde Bau der Kapelle war vermutlich dazu gedacht, dass er zu der heiligen Geometrie des Ortes passte, auf der sie steht. Ein Hinweis darauf ist das seltsame Design des Ecksteins, der auf dem Boden rechts des Hauptportals zu sehen ist. Dieser sieht sehr freimaurerisch aus und wird umfasst von einem runden Messingring, der in den flachen Stein eingearbeitet ist und sich aus der Quadratischen Form der oberen Kanten hervorhebt. Ist dies reiner Zufall oder bedeutet das etwas anderes? Der Kreis ist eine der ältesten Formen, die der Mensch kennt und stellt unter anderem die Ewigkeit und das Göttliche dar. Den Kreis findet mach auch innerhalb der alten Stätten in den Steinkreisen, die sich auf die ursprünglichen Sonnentempel beziehen und die mit der Anbetung der Sonne auf der ganzen Welt in Verbindung gebracht werden. Die Verbindung, die man hier zur Sonnenuhr sehen kann ist ziemlich offensichtlich.

Wie um die Verbindung zu der Anbetung der Sonne durch die Freimaurer zu bestätigen, findet man dasselbe Motiv ebenfalls in einer moderneren Version auf der östlichen Seite der Kapelle. Ein runder Metallreifs mit Strahlen, die aus seinem Mittelpunkt herauskommen wurde in den Weg zu den Gebäuden eingefasst. Also haben wir hier etwas sehr ähnliches wie das was wir auf dem Grundstück der Sonnenuhr am Castleberg finden.

Abb. 35: Die Heilige Geometrie auf dem Buntglas, durch das das Licht an den westlichen Fenster der Giggleswick Church fällt; die „Blume des Lebens" wird häufig gezeigt und auch das Hexagramm oder „Davidsstern" erscheint an verschiedenen Plätzen entlang der Leylinie. Foto: Nigel Mortimer

Abb. 36: Dasselbe Hexagramm-Motiv findet sich auch unter dem Torbogen bei „The Folly" in Settle, offen versteckt innerhalb der Blume des Lebens in der Dekoration. Foto: Nigel Mortimer

Dieser Tempel der Anbetung an den christlichen Gott ist ein Geheimnis in sich, da die Erbauer auch heidnische Elemente innerhalb der Struktur verwendet haben, das Hexagramm und das Sonnensymbol der alten Ägypter, das man so oft über den Eingängen von Freimaurerlogen findet.

Abb. 37: Der Autor demonstriert den versteckten Symbolismus innerhalb des Tores auf der Ley Linie, die außerhalb der Kapelle auf dem Grundstück durchläuft. Foto: Nigel Mortimer

Abb. 38: Steinkreis-Eckstein in der Giggleswick Church. Foto: Nigel Mortimer

Könnte es auch andere Gründe dafür geben, dass diese Symbole in der Kapelle erscheinen? Das Hexagramm findet man in alten indischen Tempeln und wir wissen, dass Morrison von den östlichen Religionen beeinflusst war. Es ist ein Mandala-Symbol und repräsentiert das perfekte meditative Gleichgewicht zwischen Mensch und Gott. Uns wurde beigebracht, dass wenn man diesen Zustand beibehalten kann, man ins Nirwana eintritt und der Mensch von seinen irdischen Fesseln befreit wird. Es wird als populärer Mythos oft dargestellt auf Amuletten oder als Symbol vor dem Schutz des Bösen, Fieber und Krankheiten, aber dafür gibt es kaum Beweise.

Das Symbol ist schon sehr alt, aber es wurde nur von den Juden verwendet (als Davidsstern) und im Mittelalter als Zeichen der Jüdischen Zugehörigkeit. Seine religiösen Verbindungen und seine Verwendung gehen zurück bis zu den Synagogen des 3./4. Jahrhunderts in Galiläa, aber das Hauptsymbol des Judentums ist die Menora oder der Kerzenleuchter. In der indischen Sage besteht das Symbol aus zwei Dreiecken, die nach oben und unten zeigen und die Balance der beiden Komponenten, genannt OM & Hrim (im Sanskrit) zeigen und die Position des Menschen zwischen der Erde und dem Himmel – die mystische Einheit der Schöpfungskräfte.

Im Buddhismus nennt man es den Ursprung der Erscheinung. Es gibt vielerlei Verbindungen zwischen dem Hexagramm und König Salomon und es wird bei den Mitgliedern der Mormonen *(The Church of the Latter Day Saints)* erzählt, dass es sich ursprünglich um die Darstellung von Urim (hebräisch „Lichter") und Thummin (hebräisch „Vollkommenheit") handelt. Wir haben gesehen, dass in Settle die *Church of Zion* sich am Fuß des Castlebergs befindet und einige ihrer Mitglieder tragen das Hexagramm als ein Abzeichen. Die Muslime betrachten das Symbol als das Siegel Salomons.

Das Hexagramm findet sich auch außerhalb der Religion in der Heraldik und es ist ziemlich populär wird aber selten mit diesem Namen bezeichnet. In Deutschland ist es ein Stern, in der englischen und französischen Heraldik ein Sporn mit sechs Punkten (ein „Mullet" ist in Frankreich die Bezeichnung für den Sporn an einem Reitstiefel). In New Age Gruppierungen und Kulten wird das Hexagramm als wichtiges Symbol betrachtet.

In der Theosophischen Gesellschaft war der Davidstern ein Siegel und ein Emblem als sie 1875 gegründet wurde. Im Raelismus (einer religiösen UFO-Gruppe 1974 gegründet von Rael), glaubte man, dass Raumfahrer zur Erde gekommen waren und künstliche Lebensformen aus unbelebter Materie geschaffen hätten auf sieben Basisstationen über der Erde verteilt. Auch hier ist das Hexagramm und die Swastika Bestandteil der Anschauung. In der Wicca-Religion wird das Hexagramm dazu verwendet, Dinge aus der Oberen Welt in die Untere Welt zu ziehen („wie oben so unten") und im Okkultismus gehört es zu den sieben alten Planeten der Astrologie und wird für Talismane zur Herbeirufung von Geistern verwendet.

Dr. John Dee, Hofastrologe von Queen Elizabeth I sagte: *„Das doppelte Dreieck, das als Salomons Siegel angesehen wird, ist eine geometrische Verbindung der gesamten okkulten Lehre. Die zwei verschlungenen Dreiecke sind der buddhistische Leim der Schöpfung. Sie beinhalten die „Quadratur des Kreises", den Stein der Weisen, die großen Mysterien vom Leben und vom Tod und das Geheimnis des Bösen. Derjenige, der alle Aspekte dieses Zeichens erklären kann, ist wahrlich ein Eingeweihter."*

Traditionell ist das Hexagramm eine Kombination aus vier Elementen: Luft, Feuer, Wasser und gebildet aus den ineinander verschlungenen Dreiecken. Bei den Freimaurern symbolisieren diese Dreiecke (oder Deltas) die Union von zwei Kräfteprinzipen – die Aktive und die Passive Kraft durchdringen das Universum. Die zwei Dreiecke, eines schwarz, das andere weiß, sind die Darstellung der Gegensätze der Natur - Dunkelheit und Licht, Irrtum und Wahrheit, Ignoranz und Weisheit, Gut und Böse etc. Der Schlüssel liegt darin, die Balance zwischen den Beiden zu finden. Das Hexagramm ist innen und außen an den Tempeln der Freimaurer angebracht, da sie dachten, dass die Templer dies so in König Salomons Tempel vorgefunden hätten.

Der modernen Ansicht nach wird das Hexagramm fälschlicherweise mit dem Bösen in Verbindung gebracht und seinem negativen Einfluss auf die Menschlichkeit und es wird oft gesagt, dass jemand mit einem Hexagramm verflucht wurde. Man sagt auch, dass der „Stern" von dem Gott Israels verurteilt wurde, weil er von IHM als Stern des Gottes Moloch bezeichnet wurde oder auch „Chiun" genannt, was sich auf Saturn (Satan) bezieht. Der Name Rothschild wurde mit den Illuminati assoziiert, und bedeutet „Red Shield". Man fand ein rotes Hexagramm über der Tür von Mayor Amschel Bawer, der seinen Namen in Rothschild änderte. Numerisch betrachtet enthält das Hexagramm dreimal die 6. Es beinhaltet eine sechs in einer sechs in einer sechs = 666!

Was auch immer der wahre Ursprung des Hexagramms ist, dieser uralte Entwurf ist manchmal innerhalb der Kreise zu finden. Die meisten der Motive, die ein Hexagramm enthielten und die ich im Gebiet um Settle gefunden habe, befanden sich innerhalb eines Kreises.

Wenn man das Grundstück der Kapelle von Giggleswick vom nördlichen Weg her betritt, dann findet man das mit Felsen und Bäumen übersäte Land schwierig zu überblicken, aber beim näheren Hinsehen kann man eine Kreisform im Boden ausmachen. Diese Erhöhung erhebt sich ungefähr drei Fuß hoch und verläuft in einem Bogen nach Osten und Westen etwa 50 Fuß in jede Richtung vom Weg entfernt. Der Pfad wird von modernen Gebäuden unterbrochen, da das Land 1889 bereinigt und bebaut wurde (die Kapelle wurde 1901 eröffnet) und so lässt sich die exakte Größe der Erhöhung heute nicht mehr feststellen. Ich habe jedoch bei der Überprüfung bemerkt, dass es einer Art „Henge" gleicht, den man üblicherweise um Anlagen wie Stonehenge herum findet (wie vorhin bereits erklärt). Meiner Einschätzung nach war diese Umrandung ursprünglich ca. 200 Meter im Durchmesser groß und die Kapelle wurde genau in der Mitte des Kreises gebaut!

Abb. 39: Hinweis auf den „Henge" außerhalb der Giggleswick Chapel. Foto: N. Mortimer

Abb. 40: Eine ähnliche Aufschüttung in Dowthe, einer ähnlichen Landschaft wie um Settle herum. Foto: Nigel Mortimer

Heilige Landschaft

Im Sommer 2012 spürte ich, dass ich nun genügend Beweise dafür hatte, die meine Theorie unterstützten, dass es sich bei der Sonnenuhr von Settle nicht nur um eine Geschichte handelte, die sich die Einwohner seit dem 17. Jahrhundert erzählten. Da war etwas dran an ihrer Position in der Landschaft, die meine Aufmerksamkeit erregte und mich schließlich zur Entdeckung der Leylinien führte, die die Sonnenuhr mit anderen wichtigen Plätzen verband. Alle drei Plätze waren gekennzeichnet durch uralte Stätten, die sich dort in der heiligen Landschaft befanden.

Die Frage, die sich mir stellte, war nun, warum diese Plätze überhaupt miteinander in Verbindung standen und was der Zweck von all dem war. Und um ehrlich zu sein, bis ich die Leylinien fand, die zur Sonnenuhr führten, ging ich fälschlicherweise davon aus, dass der südliche Berghang der wichtigste Platz von all meinen Entdeckungen war bei der Suche nach dem Portal. Aber dann fand ich gleichzeitig die Hexagramm Symbole.

Ich wusste, dass das Hexagramm ein sehr altes Symbol war und etwas völlig anderes repräsentierte als das wofür verschiedene Religionen und Kulte es verwendeten und ich wusste auch, dass die Dreiecke ein Symbol für die Dualität darstellten. Ich dachte sogar, dass es für eine Art Landkarte stand, die verborgen war wie die anderen Hinweise, die ich rund um Settle gefunden habe.

Also beschloss ich, mir die drei Stätten, die durch die Leylinien verbunden waren, näher anzuschauen: Castleberg, Giggleswick und Cleatop. Diese drei Orte waren durch gerade Linien verbunden, die ein gleichschenkliges Dreieck formten. Entlang der Ley-Linien finden wir Knotenpunkte, die Energiewirbel enthalten, die wir Tore oder Portale nennen. Wollte uns das Dreieck in Settle also zeigen, dass es hier ein solches Portal innerhalb des Energie-Dreieckes gab?

In Newtons erstem Gesetz heißt es: *Ein Körper bewegt sich so lange in einer geraden Linie und mit einer gleichförmigen Geschwindigkeit bis eine Kraft auf ihn einwirkt (und der Körper im Ruhezustand bleibt solange bewegungslos, bis eine Kraft auf ihn einwirkt).* Dies ist das Massenträgheitsgesetz, aber lässt sich dieses wirklich nur auf ein Objekt anwenden, das sich innerhalb der Raum-Zeit, der Realität unserer alltäglichen Welt befindet? Was ist mit den unsichtbaren Kräften? Nun, wir wissen, dass Elektrizität eine Kraft ist und dass sie sich bewegen, sammeln und anhalten kann wenn Kräfte auf sie einwirken. Energie bewegt sich in einer geraden Linie zwischen zwei Punkten weil das der kürzeste Weg ist. Also ist es nicht verwunderlich, wenn man feststellt, dass die Leylinien dasselbe tun. Die Energie bewegt sich darauf zwischen den Knotenpunkten und den alten Stätten (Portalen) und sie behalten ihre Balance durch die Einspeisung von Energie und die Aufnahme von Energie aus diesen Punkten, die sich zwischen den Stätten hin und her bewegt wie ein gigantisches Netzwerk.

Wir haben heute auch ein solches Netzwerk in unserer Realität, das wir Internet nennen. Und wir benutzen Computer, um Informationen zu senden und zu empfangen, aber wir können diese Daten nicht selbst sehen ohne sie von demselben Gerät decodieren zu lassen, damit wir sie verstehen können. Ich bin mir sicher, dass die ersten Völker sich in diese Gitternetzlinien einklinken konnten und mit den Energien an den Portalen interagieren konnten ohne irgendwelche Computer zu benutzen, wie wir das heute tun.

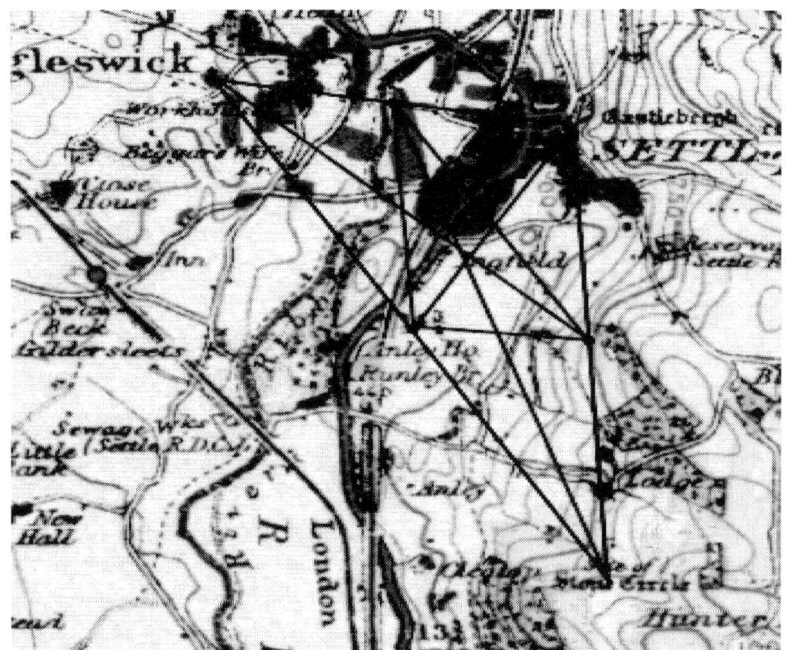

Abb. 41: Die Landkarte des Autors mit dem Dreieck in der Region um das Portal.

Wir haben ein Problem mit einigen dieser alten Portale, da sie heute nicht mehr in Balance sind und die Energien teilweise ungeordnet fließen, sodass ihr eigentlicher Zweck nämlich als Portal in andere Realitäten zu dienen, instabil geworden ist. Einige große Hauptportale haben kaum noch irgendeine Energie von denen sie „besucht" werden, sodass sie praktisch deaktiviert worden sind. Wie könnte ein Computer auch arbeiten, wenn man keine Daten eingibt und nur die CPU vorhanden ist, die auf eine intelligente Antwort wartet? Wenn wir also etwas beschreiben, das auch wenn es unsichtbar ist, auf intelligentem Weg zwei Plätze miteinander verbinden kann, dann musste diese Energie irgendwann vor langer Zeit den Menschen bekannt gewesen sein, um Signalstellen zu bauen, die aussagen: dies ist die Stelle. In erster Instanz muss eine Quelle für diese Information vorhanden gewesen sein, jemand oder etwas muss sie eingespeist haben, den Computer hochgefahren haben und unserer Welt die Erlaubnis gegeben haben, sich in das interdimensionale Netzwerk einzuloggen.

Zweifellos waren die Ley Linien in der Gegend von Settle früher einmal bekannt, sind aber leider in Vergessenheit geraten. Es war den Bemühungen einer alten Rasse zu verdanken, die viel weiter fortgeschritten war als wir und die die Ley Linien erkannt haben, dass sie von den Bewohnern der anderen Dimension angeleitet die energetischen Gitternetzlinien der Welt aufgezeichnet und mit Steinen markiert haben, von denen heute noch einige die Zeiten überdauert haben.

Während der religiösen Reformationen des 17. Jahrhunderts und erneut in der Viktorianischen Ära wurden im Namen des Christentums viele dieser alten Stätten zerstört oder vor ihren ursprünglichen Standorten entfernt (wie es auch in Settle geschehen ist) weil sie als heidnische oder satanische Plätze verdammt wurden.

Ich glaube aber nicht, dass das die komplette Geschichte hinter der Zerstörung dieser Tempel ist und dass noch andere Gründe eine Rolle spielten. Die Menschen entdeckten neue Religionen in ihrem Land und die Einflüsse aus dem mittleren Osten wurde als Bedrohung für die bestehenden Religionen gesehen. Daraus entstanden Rivalitätskämpfe zwischen den verschiedenen christlichen Doktrinen, aber immer wurde der sogenannte satanische Einfluss der Heiden verdammt und musste ausgemerzt werden. Für die Katholische Kirche war es eine Win-Win-Situation. Sie hatten die perfekte Entschuldigung dafür, dass die tausend Jahre alte Geschichte einfach auslöschten und gleichzeitig die verlorenen Schafe, die vom Teufel verführt worden waren zurück in ihren Stall zu bringen. Und nebenbei füllte dies auch noch das Säcklein der sich immer weiter ausdehnenden Gemeinde. Die Kirche wurde immer mächtiger und während sie Wahrheit und Vergebung predigte, schloss sie die ursprünglichen Tempel und jagten diejenigen, die tapfer genug waren, dort weiter zu beten und tötete sie als Hexen.

Es gibt ein großes Problem damit, dass nicht alle alten Plätze und Kultstätten ins Visier der Kirche geraten sind. Und die historischen Aufzeichnungen zeigen, dass es den Heiden erlaubt war, christliche Werte in ihre eigenen Religionen zu übernehmen, was sich an den heiligen Brunnen und Hainen zeigte. Tatsächlich wurden einige der heiligen Brunnen den christlichen Heiligen gewidmet und es wurde sogar noch bizarrer als die Kirche damit begann, heidnische Elemente in ihre eigenen Gebäude einzubeziehen wie zum Beispiel den Grünen Mann. Es scheint so zu sein, dass die echten Zielscheiben der „modernen" Religionen die Stehenden Steine und die Steinkreise in den Tälern waren, da die höher gelegenen Plätze der Zerstörung entkommen sind. Warum das war, bleibt noch zu diskutieren zwischen denen, die die Steinkreise als Tempel heidnischer Religionen ansehen, als Observatorien oder alte Versammlungsstätten. Der wahre Grund dafür könnte in der Art und Weise gefunden werden, wie diese Steinkreise oft von der Kirche übernommen worden sind, so wie bei der Kapelle in Giggleswick geschehen.

Sogar nachdem dieser Ort durch einen christlichen Tempel ersetzt wurde, gibt es symbolische Hinweise darauf, was früher dort gestanden hatte, denn man wollte nicht, dass jeder (nur die Massen) vergaß, dass dieser Ort bereits heilig gewesen ist, bevor überhaupt jemand von Christus gehört hatte. Die Kirche wusste, dass das so war und sie wusste auch, dass niemand die Kirche oder die Religion, die sie repräsentierte, annehmen musste, um in die geistige Welt zu gelangen oder den Tod durch Jesus Christus zu überleben. Sie wussten ganz genau, dass jeder Mensch im Geist reisen konnte und vor allem auch physisch durch die Pforten an diesen Stellen. Aber ihre Religion und jede andere von Menschen gemachte Religion versuchte diese Tatsache zu verstecken und um jeden Preis für die folgenden Generationen geheim zu halten.

Das dritte Newtonsche Gesetz besagt: *Für jede Kraft gibt es eine gleich große aber entgegengesetzte Kraft.* Wir wissen, dass dies auf unsere physische Welt zutrifft, aber so einfach es auch klingt, es gilt auch für die spirituelle Welt. Aus einer rein wissenschaftlichen Sicht scheint es, dass das was Newton behauptet, eine Tatsache ist. Aber es ist auch das, was Rhonda Byrne in *„The Secret"* behauptet. Vereinfacht gesagt, erhält man das zurück, was man aussendet. Klingt das nicht ganz nach dem, was Newton hier sagt? Jede Aktion verursacht eine gleichwertige Reaktion? Wissenschaft oder Mystik?

Durch die Zerstörung und Schließung der Tempel der ersten Menschen in neuerer Zeit, können wir eine „Reaktion" erwarten – und, Mann, was haben wir für eine bekommen! Heutzutage beginnen die Menschen Religionen mit ganz anderen Augen zu sehen, als wären sie von irgendetwas beeinflusst worden, was es zuvor nicht gegeben hat und was sie wohl „vergessen" hatten. Überall auf der ganzen Welt wachen die Menschen auf und bemerkten, dass sie selbst ein universales Wesen sind und einen freien Willen besitzen. Die Kirche dominiert nicht länger diese Freigeister, die zwar nicht zum Heidentum zurückgekehrt sind, aber die Schönheit des Planeten und des ganzen Kosmos sowie ihre Position in diesem Gefüge angenommen haben und zu schätzen wissen. Dennoch haben sie einen Platz für den Gott, den die Kirche so unerreichbar gemacht hat und den man nur erreichen kann, wenn man denjenigen folgt, die behaupten, dass man nur durch sie (die Kirche) zu Gott gelangen kann. Die Freigeister nennen ihren Gott den Schöpfer und wissen, dass jeder ihn/sie zu jeder Zeit erfahren kann, da sie selbst ein Teil dieses Gottes sind.

Durch die Zerstörung der Steinkreise haben die Verantwortlichen wissentlich oder unbeabsichtigt den menschlichen Geist vom Kosmos abgeschnitten. Und dieser Prozess hat sich langsam über tausende von Jahren hingezogen und hält immer noch an. Dadurch wurde die Menschheit in einer Welt der fünf Sinne gefangen und diese Verwirrung hat zu einem Verlust ihrer wirklichen Identität geführt und zu einer Unsicherheit, die eine Welt voller Krieg und Vergeltung als Normalzustand etabliert hat. Falls dies nicht bald korrigiert wird, könnte dies zu einer Verdrängung der menschlichen Seele führen, wie es Yeats in seinem visionären Gedicht vorhersagt:

The Second Coming

Turning and turning in the widening gyre
The falcon cannot hear the falconer;
Things fall apart; the centre cannot hold;
Mere anarchy is loosed upon the world,
The blood-dimmed tide is loosed, and everywhere
The ceremony of innocence is drowned;
The best lack all conviction, while the worst
Are full of passionate intensity.

Surely some revelation is at hand;
Surely the Second Coming is at hand.
The Second Coming! Hardly are those words out

When a vast image out of Spiritus Mundi
Troubles my sight; somewhere in sands of the desert
A shape with lion body and the head of a man,
A gaze blank and pitiless as the sun,
Is moving its slow thighs, while all about it
Reel shadows of indignant desert birds.
The darkness drops again; but now I know
That twenty centuries of stony sleep
Were vexed to nightmare by a rocking cradle,
And what rough beast, its hour come round at last,
Slouches towards Bethlehem to be born?

Die Wiederkunft

Drehend und drehend in immer größer werdenden Kreisen
Kann der Falke den Falkner nicht mehr hören
Die Dinge fallen auseinander, das Zentrum hält nicht mehr
Schiere Anarchie wird auf die Welt losgelassen
Die blutgetrübte Flut wird losgelassen und überall
Wird die Feier der Unschuld ertränkt
Den Besten mangelt es an jeglicher Überzeugung,
während die Schlechtesten voller leidenschaftlicher Gefühle sind

Sicherlich ist eine Offenbarung greifbar
Sicherlich steht die Wiederkunft bevor
Die Wiederkunft! Kaum sind die Worte ausgesprochen
da beeinträchtigt ein riesengroßes Abbild des Weltengeistes meinen Blick;
irgendwo im Sand der Wüste
bewegt eine Gestalt mit dem Körper eines Löwen und dem Kopf eines Men-
schen,
mit starrem Blick und erbarmungslos wie die Sonne
seine trägen Schenkel, während um die Gestalt herum
Schatten von entrüsteten Wüstenvögeln taumeln
Dunkelheit fällt wieder hernieder, aber jetzt weiß ich
dass zweitausend Jahre steinernen Schlafes
zum Alptraum erweckt worden sind durch eine schaukelnde Wiege.
Und welche gemeine Bestie, deren Stunde endlich gekommen ist,
schleicht gekrümmt nach Bethlehem um geboren zu werden?

Abb. 42: Zeichnung des Autors von der Vision des Falken im Ilkley Moor

Falcon Manor

Wenn das, was wir in dem prophetischen Gedicht von Yeats lesen, ein Gefühl der Wiederkunft darstellt, dann müssen wir uns fragen wie und wann diese bevorsteht? Geraubt durch die Kirche ist die Aussage, dass ein Erlöser kommen wird, nicht gerade ein neues Konzept sondern lässt sich weit zurück datieren. Zweifellos bin ich mir der Anwesenheit von Führern bewusst, die in den spirituellen Welten wohnen und der Menschheit helfen.

Aber insgesamt gesehen sind wir alle verantwortungsbewusste Individuen mit einem freien Willen und müssen auch unsere eigenen Fehler im Leben machen, um Fortschritte zu machen und aus diesen in spiritueller Hinsicht zu lernen.

Die ersten Menschen kannten diese Tatsache, aber die Kirche hat den intelligenten frei denkenden Menschen „Hoffnung" gegeben und ihnen dadurch die Fähigkeit genommen, zu „wissen" warum wir geboren wurden, warum wir dieses Leben leben und warum wir die Todeserfahrung machen müssen, die unsere Seele vom materiellen Körper trennt. Das Chaos, auf das sich Yeats in seiner Wiederkunft bezieht ist keines der materiellen Welt, die aus dem Ruder läuft mit ihrer Besessenheit vom Krieg, sondern ein Chaos in dem die ganze Realität versucht, krampfhaft die Balance zu halten. Nirwana ist zu einer Hoffnung geworden, nicht zu einer Wirklichkeit.

Yeats bezieht sich auf das Symbol des Falken und daher wenden wir unsere Aufmerksamkeit nun auf diese majestätischen Vögel, alten Freunden von mir, die in meiner Vision am Backstone Circle 1993 vorgekommen sind. Ich habe ein Bild gezeichnet von dem, was ich in dieser Vision gesehen habe, aber bis vor kurzem war mir nicht klar, was sie wirklich bedeutete.

„Sie sollen als Adler wiedergeboren werden". Diese Worte kamen mir in den Sinn als ich das Symbol des Falken beobachtete und den stehenden Stein mit der Sonne dahinter. Diese Symbolik öffnete mein Drittes Auge. Die Sonne warf einen Schatten in meiner Vision, aber der Kopf des Vogels war so positioniert, dass das Sonnenlicht nicht darauf fallen konnte und er daher versteckt blieb und nicht zu sehen war. In den letzten Wochen hatte ich dafür plötzlich eine erstaunliche und einfache Erklärung – die Sonne warf einen Schatten – es war die Sonnenuhr – und der Adler, nun ja... ich war nie ganz glücklich mit dieser Zeichnung und viele Leute haben mir seither immer wieder gesagt: „das sieht doch mehr wie ein Habicht aus, ein Falke!"

Der Falke ist ein Symbol für Unabhängigkeit, Freiheit und Sieg für alle, die gefesselt sind, egal ob moralisch, emotional oder spirituell. In den alten ägyptischen Hieroglyphen repräsentierte der Falke das allgemeine Wort für GOTT und der Aufstieg der frühen Könige der ägyptischen Dynastie wurden bekannt als „der Flug des Falken". Der Falke mit dem menschlichen Kopf (Horus) repräsentierte die menschliche Seele und in

Europa eine visionäre Kraft, Weisheit und Schutzherrschaft / Vormund-schaft.

Ich beschloss, das Dreieck zwischen Castleberg, der Kapelle und dem Cleatop Steinkreis näher zu untersuchen, da ich dachte, dass diese Plätze die Erdenergie in Balance hielten und dass – falls es ein Sternentor gab – es im Zentrum der dreieckigen Landschaft zu finden wäre. Ich erwartete, eine unbemerkte historische Stätte zu finden, eventuell die Überreste eines alten Steinmonumentes, vielleicht sogar die Sonnenuhr selbst. Aber als ich zu dem festgelegten Punkt ging, war ich schlichtweg vom Donner gerührt. Stolz, genau auf dem markierten Platz auf der Karte, die ich in der Hand hielt, stand da das bekannte *Falcon Hotel*, ein Drei-Sterne-Zwischenstop für die Touristen, die die Schönheit der Natur der Yorkshire Dales erforschen wollen!

Auch wenn es nicht das war, was ich erwartete hatte, stand das Hotel genau an dem Platz, an dem das Portal sich befinden sollte und natürlich wäre da kein großes Schild, auf dem steht „Hier ist der heilige Gral, den Sie suchen", aber der Ort sah recht einladend aus und so beschloss ich, ihn mir näher anzuschauen.

Die Nachforschungen über das Falcon Hotel sind eine sehr mühselige Angelegenheit und brachte nur wenige Informationen zum Vorschein. Ich wusste, dass das Hotel 1841 erbaut wurde und ursprünglich Ingfield Hall hieß. Es steht am Ende des Weidelandes nahe der Ingfield Lane, die ein Teil der nord-südlichen Ley Linie darstellt und die außerdem vermutlich der Geburtsort von Richard Preston ist, der „*The Folly*" gebaut hat. Ingfield Hall wurde nicht als ein Pfarrhaus gebaut, aber als Privatunterkunft für Reverend Hogarth John Swale, den ersten Vikar von Settle. Bis zu der Zeit hatte Settle keine eigene Kirche und teilte sich die Räume mit der *Alkelda Church* in Giggleswick. Die *Kirche der Heiligen Himmelfahrt* wurde im Jahr 1831 im Frühenglischen Stil mit gotischen Einflüssen gebaut von Thomas Rickman - zehn Jahre bevor Inglefield Hall konstruiert wurde – und wurde nicht einem Heiligen geweiht, wie sonst üblich bei den meisten Pfarrkirchen – sondern der Heiligen Himmelfahrt. Aber es gibt ein noch größeres Rätsel was diese Kirche betrifft:

„Ein weiteres Rätsel unserer Kirche ist die Tatsache, dass sie nicht von Ost nach West ausgerichtet wurde sondern von Nord nach Süd. Daher zeigen die „Östlichen Fenster" tatsächlich Richtung Süden und haben den netten Effekt,

dass das Sonnenlicht einen farbenfrohen Effekt zaubert, wenn es durch das Bunt-
glass auf die Wände und den Boden fällt. Man kann es am besten sehen, wenn
man das Glück hat, früh morgens hier zu sein, wenn die Sonne scheint."

Was der Geistliche uns also in Wirklichkeit sagen will, ist dass die Kirche auf der Nord-Süd-Achse gebaut wurde, um ein solch attraktives Ergebnis zu erziehen, auch wenn dies allen christlichen Doktrinen wider-
spricht. Der einzige Grund dafür, warum christliche Kirchen auf der Ost-
West-Achse gebaut werden ist der, um die Verbindung zwischen dem
aufgefahrenen Christus und der aufgehenden Sonne zu zelebrieren und
dieser Tradition folgte man in ganz Europa und darüber hinaus. Jetzt
finden wir diesen Scherz von einer Kirche, die im 17. Jahrhundert von
einem führenden Designer dieser Gegend und erfolgreichsten Kirchen-
bauer überhaupt erbaut wurde und der erstaunlicherweise der heidnischen Tradition folgte, die ihre Gotteshäuser auf der Nord-Süd-Achse
errichten. Aber das war kein Fehler, es war Absicht, die sehr alten heidnischen Wurzeln auf diese Weise für jedermann sichtbar zu verstecken.

Die Bestätigung dafür finden wir innerhalb der Bauweise der Kirche
selbst und zwar in genau dem Fenster, von dem der Geistliche spricht
und in dem wir das Symbol der Hexagramme finden. Der offensichtliche
Einfluss, den die Mitglieder der Familie Swale in dieser Zeitperiode auf
den Kirchenbau hatten, zeigt sich anhand der Handlungen von Mary
Lambert Swale von Ingfield Hall, Settle. Sie habe einen großen Geldbetrag
um die £5000 ausgegeben, um dabei zu helfen, die Holy Trinity Church in
Toronto zu bauen, blieb aber ein anonymer Spender. Sie starb im Alter
von nur 25 Jahren und erst nach ihrem Tod fand man heraus, dass sie den
Kirchenbau unterstützt hatte, aber nur unter der Bedingung, dass einige
ganz bestimmte Aspekte beibehalten werden mussten, z.B. dass es eine
Freikirche geben würde, die für jedermann zugänglich war (Damals war
es üblich, dass sich die Wohlhabenden einen Kirchenbank oder einen
Platz in der Kirche kauften und Vorteile in der Kirche erhielten) und zwar
zu den gleichen Bedingungen, egal welchen sozialen Status sie hatten und
das für alle Zeit.

Aufgrund der Tatsache, dass in der Kirche und an den Außenmauern
Freimaurersymbole wie ein offenes Buch, König Salomons Kopf und ver-
schiedene andere Motive gefunden werden können, scheint es, dass die
Familie Swale stark daran interessiert war, die Tradition der alten Frei-

maurer aufrecht zu erhalten. Daher wurden möglicherweise die anderen Kirchen, die sie nach christlichen Werten konstruierten unter völligem Ausschluss heidnischer Elemente gebaut. Was auch immer dahinter steckt, Mary Lambert Swale wurde bekannt als eine Philanthropin, eine Liebhaberin der Menschheit. Und der Grund dafür war, dass sie anhand ihres eigenen Beispiels die Entwicklung der Menschen fördern wollte.

Wenn irgendjemand das Geheimnis der Sonnenuhr von Settle kennt, dann wären das die Freimaurer der Stadt, deren Bruderschaft sich mindestens bis in das 18. Jahrhundert zurückdatieren lässt. Settle hält an seiner mysteriösen Vergangenheit fest mit einer Haltung, die unterstellt, dass sie nichts anderes sein als ein altertümlich hübsches Marktstädtchen. Aber nichts könnte weiter von der Wahrheit entfernt sein. Zum Beispiel gibt es am Marktplatz in der Duke Street ein Gebäude, das man seit 1663 als das *„Naked Man Cafe"* kennt und wo noch das ursprüngliche Schild über der Tür hängt. Es zeigt einen vermutlich nackten Mann, der ein Tuch über seine privaten Teile hält. Aber es gibt ein Problem mit dem Schild. Denn der nackte Mann ist gar nicht nackt! Bei näherer Betrachtung kann man sehen, dass er obwohl er schwarz angemalt ist, komplett bekleidet ist mit einem Kragen und Knöpfen am Hemd. Und er scheint kurze Hosen zu tragen. In seiner Hand hält er auch kein Tuch sondern eine Schürze mit den Initialen IC und dem besagten Datum auf einem weißen Hintergrund.

Und um die Verwirrung auf die Spitze zu treiben, finden wir das Gegenstück zum „Naked Man" in Langcliffe, wo ein Schild über einer Tür eine andere Figur zeigt, die anscheinend eine „Naked Woman" zeigen soll. Aber man sieht ganz deutlich, dass es sich hierbei nicht um eine Frau handelt, sondern um einen komplett angezogenen Mann mit einem Schnauzer und einem kurzen Bart im Stil der damaligen Zeit.

Wie man die beiden für so lange Zeit so falsch betrachten konnte, ist unerklärlich, aber das *„Naked Man Cafe"* ist ein weiteres Beispiel für ein verstecktes Geheimnis, das deutlich zu sehen ist. Im frühen 17. Jahrhundert waren die Inns und die anderen öffentlichen Gebäude Versammlungsplätze von Verbindungen wie den Rosenkreuzern und den Freimaurern und man weiß, dass es eine gängige Praxis war, dass einer der höheren Eingeweihten nackt auftreten musste. Der Schurz, den sich der „nackte Mann" und die „nackte Frau" in Settle und Langcliffe vorhalten, ist eine typische Schürze der Freimaurerbekleidung, die bei solchen Treffen getragen wurde.

Dieser Hinweis ergibt sich aus der Bibel (Gen. 3:7): *Und ihrer beider Augen waren weit geöffnet und sie wussten, dass sie nackt waren; und sie nähten sich Feigenblätter zusammen und machten sich Schürzen daraus."*

Der freimaurerische Gebrauch bezieht sich auf die Schürzen, die die Steinmetze in den Steinbrüchen trugen. Die Schürzen selbst variieren. Die der Freimaurer ist aus Lammfell.

Wie bereits zuvor erwähnt, wissen wir, dass die offizielle Freimaurerei in Settle am 7. Juni 1774 im Black Bull Inn aufgetaucht ist, welches früher am östlichen Ende des Marktplatzes stand. Die früheste Aufzeichnung über einen Freimaurer in England stammt von 1646 über einen Elias Ashmole. Es wäre also möglich, dass der Einfluss der Freimaurer von den *Atholl Masons* aus Schottland nach Yorkshire gekommen ist. Es scheint, dass eine Art des Freimaurertums (basierend auf den alten Prinzipien und mit viel mehr Verbindungen zu heidnischen Elementen) schon vor 1774 in der Gegend um Settle aufgetaucht ist. Und der wichtigste Hinweis darauf sind die beiden nackten Figuren in Settle und Langcliffe.

Wenn wir unser Augenmerk von den menschlichen Formen selbst abwenden, die wie wir bereits herausgefunden haben, beide männlich sind, entdecken wir andere freimaurerische Symbole, von denen diese Verwirrung ablenkt und die nicht als das erscheinen, was sie tatsächlich sind. Der nackte Mann am Marktplatz in Settle ist positioniert in einer Einfassung, die den Särgen ähnelt, die man in den Einweihungsgraden der Freimaurer finden und der „Mann" steht auf einem Bogen oder einer Brücke, was wiederum ein freimaurerisches Symbol ist, längsseits der zuvor erwähnten Schürze. Die Figur, die wir in Langcliffe finden, schreit geradezu seine freimaurerische Verbindung heraus, da es zwischen zwei der heiligsten Ikonen der Freimaurerei liegt – dem Quadrat (über dem Kopf der Figur) und dem Schutz, den er vor sich hält.

Lokalhistorische Aufzeichnungen erzählen uns, dass das Inn, an dem das Schild der „Nackten Frau" erscheint, früher ein Haus war, das von Langcliffe Hall unterstützt wurde, von dem wir wiederum wissen, dass es eine vermutliche Verbindung zu Sir Isaac Newton darstellt, allerdings erst zu einem späteren Zeitpunkt. Die Buchstaben „LSMS" beziehen sich auf

die Besitzer des Hauses, Lawrence und Mary Swainson und das Datum
des Einzuges, 1660. Ihr Sohn Thomas Swainson war als Landbesitzer der
Gegend „Barrel Sykes" bekannt durch die Urkunden, die bis heute überlebt haben und die auf 1622 datiert sind. Aber es war wenig bekannt, dass
er ein brillanter Mathematiker war. Es steht auf einem Gedenkstein in der
Giggleswick Church geschrieben, dass Thomas *„die Arithmetik, Geometrie
und Astronomie perfekt beherrschte"*. Und wiederum scheint es, dass wir
einen weiteren Zeitgenossen von Isaac Newton entdeckt haben, der in der
Gegend von Langcliffe gewohnt hat und durch seine Abstammung in die
Freimaurerei involviert war.

*Abb. 43: Das Schild des „Naked Man" über der Eingangstür des gleichnami-
gen Cafés in Settle. Der Mann ist bei näherer Betrachtung gar nicht nackt und
hält einen Schurz im Stil der Freimaurer vor sich, wie er heute noch bei Zeremonien verwendet wird. Foto: Nigel Mortimer*

Abb. 44: „The Naked Woman" in Langcliffe repräsentiert ebenfalls freimaurerische Symbole mit Schurz und Quadrat über dem Kopf. Man sieht, dass es sich hier um einen Mann handelt und nicht um eine Frau. Foto: Nigel Mortimer

Beweise dafür, dass die Mitglieder der Familie Swale selbst Freimaurer waren, sind rein subjektiver Natur und lässt sich bestenfalls durch die Art und Weise herleiten, wie sie ihr Leben in Settle und in Übersee geführt haben. Sie waren ihren Brüdern gegenüber verantwortlich und unterstützen sie in allen Lebensbereichen, wobei sie auf ihr Vermögen zurückgreifen konnten. Es gab noch einige andere gut bekannte Personen aus Settle, denen ähnliche Taten zugeschrieben werden können. Und zwar so viele, dass es angesichts der damaligen geringen Einwohnerzahl schon wieder seltsam wirkt.

Darunter fallen Personen wie Reverend Benjamin Waugh (20 Feb. 1839 - 11 März 1908) der ein viktorianischer Sozialreformer war und die *The National Society for the Prevention of Cruelty to Children (NSPCC)* im späten 19. Jahrhundert gegründet hat. Und auch George Birkbeck (10. Jan. 1776 – 1. Dez. 1841), ein britischer Arzt, Akademiker, Philanthrop, Pionier der

Erwachsenenbildung und Gründer des Birkbeck College. Als die Mechaniker begannen, Fragen über die Apparaturen zu stellen, die er in seinen Lesungen beschrieb, hatte er die Idee, kostenlose, öffentliche Lesungen über die „Mechanischen Künste" (1800-1804) zu halten. Diese Samstag-abendlichen Veranstaltungen waren sehr beliebt und wurden auch nach seiner Abreise nach London fortgeführt. Sie führten 1821 zur Gründung der ersten Mechanikerschule.

Ich sage jetzt allerdings nicht, dass einer dieser berühmten Personen aus Settle in irgendetwas verwickelt war, das mit dem Geheimnis der Sonnenuhr zusammenhängt. Aber ich bin offen für die Vermutung, dass eine Art von Einfluss das Gebiet um Settle durchdrungen hat, der mit der Position des Portales dort verbunden ist. Und dieser Einfluss mag von Zeit zu Zeit von einigen Individuen aufgegriffen worden sein, deren Lebensweg sie auf einem seltsamen Kurs gelenkt hat und sie zu Dingen geführt hat, die die Gesellschaft, in der sie lebten, ändern konnte. Sogar die ganze Welt hätte durch ihre Ideen, Entdeckungen und Erfindungen verändert werden können.

Falcon Manor Hotel – ein Portal in Stein?

Wenn man auf der B6480 nach Settle hineinfährt, ist es unmöglich, das rätselhafte und statuenhafte Falcon Manor Hotel nicht zu sehen (früher Ingfield Hall). Wie bereits zuvor erwähnt, ist dies der Platz, von dem ich glaube, dass er eines der aktivsten interdimensionalen Portale des Landes enthält. Und wenn das wirklich der Fall ist, dann muss es dafür auch einen Beweis geben.

Das Gebäude steht hier schon seit über 170 Jahren, daher ist der Mangel an schriftlichen Informationen über dieses Hotel ziemlich überraschend, aber keine unbekannte Tatsache in der Gegend um Settle. Es ist frustrierend, wenn man herausfindet, dass die Lokalhistoriker nur darüber spekulieren können, warum das Gebäude seinen Namen 1920 geändert hat oder warum die Details der Übernahme nur schemenhaft erhalten sind. Innerhalb und außerhalb des Gebäudes gibt es Rätsel zu entdecken und Geheimnisse zu lösen. Der Boden des Hauses ist typisch für ein Gebäude aus einer viel älteren Zeit und hätte nicht unpassend gewirkt, wenn man es um das Jahr 1600 herum gebaut hätte. Aber eine Sache sticht heraus, die einen vermuten lässt, dass hier etwas nicht stimmt. Und das ist der mit Säulen verzierte Haupteingang, die eine visuelle Umsetzung der freimaurerischen Proportionen ist. Die zwei Säulen der Freimaurer findet man in Salomons Tempel und sie heißen *Jachin und Boaz*. Sie repräsentieren jeweils eine Seite des Türbogens und darüber findet man den Umriss eines Dreiecks mit dem Symbol des ATON (oder der ägyptischen Sonnenscheibe) in ihrer Mitte.

Und wie die Sage der Freimaurer erzählt: *„Sie betreten jetzt die Loge durch die zwei Säulen. Die Säule zur Rechten oder im Süden wurde nach dem hebräischen Wort der Bibel JACHIN genannt und die zur Linken BOAZ. Unsere Übersetzer sagen, dass das erste Wort bedeutet „er wird bauen" und das zweite „in ihr liegt die Stärke". Das erste Wort bedeutet auch „er wird bauen" oder „pflanzen" oder „in einer aufrechten Position stehen" (abgeleitet vom hebräischen Wort KUN). Vielleicht bedeutete es aktive Energie und Stärke und Boaz Stabilität und Dauer im passiven Sinn."* Und das ist genau das, was wir hier am Portal finden sollten – eine aktive und belebende Energie und Kräfte neben einer gewissen Stabilität und Ausgeglichenheit. Die zwei Säulen der Eingangstür symbolisieren genau diese Situation am *Falcon Manor Hotel*.

Dreiecke aus dem freimaurerischen Symbolismus finden sich immer wieder auf unserer Spurensuche nach dem Portal der Sonnenuhr und jedesmal tauchten sie auf in Form eines rechtwinkligen Dreieckes. Wie zum Beispiel die Ley Linien auf der Landkarte, die die drei Stätten des Castleberg, der Giggleswick Chapel und Cleatop Circle verbinden.

Dieses Symbol hat Pythagoras von den Ägyptern erhalten während seines langen Aufenthaltes dort. Gleichzeitig lernte er auch die spezielle Eigenschaft kennen, die das Dreieck besaß: *die Summe der Flächeninhalte der Kathetennquadrate (an den langen Seiten) ist gleich dem Flächeninhalt des Hypotenusenquadrates (an der kurzen Seite).* Und dies wiederum war ein Ausdruck dafür, dass das Produkt von Osiris und Isis Horus ergibt.

Dies wurde in den Dritten Grad der Freimaurerei übernommen, aber noch viel wichtiger ist die Symbolik des Gottes Horus, der ein Ausdruck und das Verständnis dafür ist, das man erhält wenn man die zwei Kräfte addiert, die durch die Qualitäten von Osiris und Isis (das Aktive und das Passive) symbolisiert werden – und wir können Horus sogar grafisch darstellen durch den geflügelten Falken.

Abb. 45: Das Falcon Manor Hotel in Settle. Mögliche freimaurerische Einflüsse im Haupteingang mit den zwei Säulen und dem Dreieck mit dem Sonnensymbol im Zentrum sind rot markiert. Foto: Nigel Mortimer

Es gibt wirklich sehr wenig öffentliche Informationen über Ingfield Hall und sogar Anfragen an den derzeitigen Besitzer des Hotels brachten nur Informationen hervor, die seit Jahren bekannt sind und die keine Überraschungen beinhalten. In meiner email an das Hotel im Mai 2012 fragte ich, ob jemand, der dort arbeitete oder übernachtete, schon einmal ungewöhnliche Erlebnisse gehabt hatte, die schwer zu erklären sind. Ich war überrascht und enttäuscht als ich nur eine kurze und bündige Nachricht erhielt, die besagte, dass es nur wenige Informationen über das Hotel gibt und niemand jemals einen Geist hier gesehen hätte. Und das, obwohl ich gar nicht danach gefragt hatte. Trotzdem war ich dankbar, dass sie sich die Zeit genommen zu hatten, mir zu antworten und mir eine DIN A4-Seite mit den bekannten Standard-Infos über das Hotel gemailt hatten. Diese enthielt eine Liste der bisherigen Besitzer und eine kurze Historie des Gebäudes.

Abb. 46: Die künstlerische Darstellung des Autors der aktivierten Sonnenuhr mit ihren spiralförmigen Energiewirbeln, die er in einer Zeit-Raum-Vision erhalten hat. Solche Heilige Stätten werden überall auf der Welt gefunden, sind aber vernachlässigt worden. Durch die Aktivierung dieser Stätten so wie die Frühmenschen es beabsichtigt hatten, könnten sich diese Portale öffnen und eine neue und vergessene Methode des interdimensionalen Reisens ermöglichen. Bild: N. Mortimer

Wenn die Besucher wiederkehren

„… *Im Jahr 2012 werden die Erdachsen kippen und es wird ein Polsprung stattfinden, der irdische und himmlische Gitternetze neu ausrichten wird. Das Dritte Auge wird über den ultravioletten Bereich hinaus sehen und wir werden in die nächste Dimension außerhalb der Zeit eintreten.*" (Moira Timms)

Während ich das Ende dieses Buches im Jahr 2012 schreibe, sehe ich mich um und bemerke, dass die Dinge in der Welt sich in manchen Bereichen rasch ändern. Es scheint ein Zusammenbruch in der Gesellschaft und in den Regierungen zu geben, die als Supermächte angesehen werden genauso wie bei denen, die sich durch die sozialen Änderungen des „Arabischen Frühlings" ergeben haben. Wie die meisten Menschen bereits wissen, wurde das Jahr 2012 als das Jahr der großen Änderungen angesehen und dies wurde schon sehr oft und von vielen verschiedenen Kulturen prophezeit. Einige dieser Vorhersagen über die Änderungen beziehen sich auf den Planeten als physikalische Einheit und sieht die Dinge so wie auch Moira Timms: ein neues Kapitel beginnt, eine Chance für die Menschheit, sich zu ändern und eine neue Art von Mensch hervorzubringen, der sich mehr um andere und um den Planeten kümmert, fair und sich der Liebe bewusst, die er anderen gegenüber (als spirituellem Wesen) entgegenbringen sollte.

Sogar Sir Isaac Newton hatte eine Prophezeiung und hielt Ausschau nach dem Ende der Welt, wie schon die Bibel in der Offenbarung zeigte. Er bestand aufgrund seines okkulten Wissens darauf, dass das Ende der Welt, wie er es kannte, mit Hilfe der Zahlen berechnet werden konnte und kam dadurch auf das signifikante Jahr 2060. Er sah auch das Ende der katholischen Kirche voraus und zwar zwischen 2035 und 2054. Aber da das noch ein ganzes Stück in der Zukunft liegt, sollten wir abwarten, ob es sich als richtig oder falsch herausstellt.

Ich denke nicht, dass wir uns über das Ende der Welt oder andere dramatische Änderungen in der nahen Zukunft sorgen sollten. Es hat bereits einige ernsthafte physische Änderungen auf dem Planeten Erde gegeben, die wir alle überlebt haben und denen wir uns angepasst haben, durch die wir uns sogar weiterentwickelt haben. Wir sollten uns lieber Sorgen machen um unsere moralischen Verpflichtungen den nachfolgenden Generationen gegenüber. Mit dieser Aufgabe sind wir schon betraut, seit der frühe Mensch mit der sogenannten Intelligenz ausgestattet worden ist. So wie die Dinge zu Beginn des Jahres 2012 stehen, fürchte ich, dass wir uns daran erinnern sollten, wer und was wir sind und dann können wir weitermachen und über unseren Platz auf dieser Welt nachdenken. Bisher haben die Menschen viel zu viel Zeit damit zugebracht, nur zuzuhören und nicht zu handeln.

Sie akzeptieren die Führung derjenigen, von denen sie annehmen, dass sie das Wissen besitzen und die Weisheit, um eine ehrliche und gerechte Gesellschaft aufzubauen, aber wie wir so oft gesehen haben, ist dies nicht immer der Fall. Die Gesellschaft ist nicht dazu bestimmt, diejenigen zu unterstützen, die sich durch Habgier und Stärke in höhere Positionen begeben, um anderen zu diktieren, was Richtig und was Falsch ist, wenn sie nicht einmal selbst ihrem eigenen Beispiel folgen. Die Menschen auf der ganzen Welt erkennen jetzt, dass genau das der Fall ist. Jeder von uns, auch diejenigen, die das Wissen bisher versteckt gehalten haben, erkennen, dass wir ein Teil der Realität sind, die alles regiert.

Und als ein Teil des gesamtheitlichen Bewusstseins, sind unsere guten oder bösen Handlungen nur reine Schattierungen von Grau innerhalb des Spektrums, das wir bislang als Schwarz und Weiß angesehen haben. Verantwortungsbewusste Wesen wie wir, müssen aufwachen und der Tatsache ins Auge sehen, dass unsere größte Verantwortung nicht innerhalb der physischen Welt liegt, sondern im gesamten Universum im spirituellen Sinne. Denn unsere Handlungen, die sich in der physischen Welt manifestieren beeinflussen die Fortschritte in der Realität der unsichtbaren Dimensionen.

Das „Ende der Welt", wie es so oft von Propheten oder von Menschen gemachten Religionen propagiert wird, ist das Ende der Welt wie wir es kennen, wenn der Mensch als „physischer Computer" Platz macht für den ganzheitlichen Menschen. Diese neue Evolutionsstufe wird als Ende der Zeiten vorhergesagt, dem Ende der schlechten Zeiten für die menschliche Rasse, da wir durch diese Veränderungen endlich die Fesseln der Gesellschaft abwerfen können, die nur ein Gefängnis für unsere Seele war.

Ende 2012 können wir uns auf einige wundervolle Veränderungen freuen, die einigen von uns magisch erscheinen werden und die auch innere Änderungen in uns hervorrufen werden. Es wird ein natürlicher Fortschritt sein und wenn ich so darüber nachdenke, finde ich es schade, dass diejenigen, die bereits von uns gegangen sind, diese großartigen Veränderungen verpassen. Ist das nicht ungerecht? Aber dabei habe ich nicht bedacht, dass diese Änderungen jegliche Energien mit einbezieht und alle Lebensformen. Daher muss ich mich nicht um jene sorgen, die bereits verstorben sind, da ihre Energie sich ebenfalls ganz leicht manifestieren kann, wenn die Energiedichte der Gitternetzlinien der Welt ange-hoben werden wird. Diejenigen, die wir „Geister" nennen, werden durch die Portale vor und zurück reisen und es wird ihnen ganz normal vor-kommen und wunderbarerweise beginnt dieser Prozess gerade jetzt!

Im Jahr 2012 wird eine Zeit anbrechen, in der wir unsere Erwartungen über die Welt und das war wir sind, verändern werden. Es wird nicht mehr heißen: Du bist, was Du isst, sondern: Du bist, was Du denkst - so-bald wird verstanden haben, wie wir mit der Zirbeldrüse korrekt arbeiten. Wir haben ja bereits gesehen, wie leicht es für eine große Menschengrup-pe ist, Berge zu versetzen, allein durch die Kraft der Gedanken und Ideen. Im Mittleren Osten und im Fernen Osten hat sich die Welt für immer ver-ändert mit dem Sturz der Diktatoren, weil die Menschen begonnen haben, daran zu glauben, dass es möglich ist, aufzuhören, diesen Menschen zu glauben, die das geliebte Land korrumpiert haben. Sie wurden Freigeister und haben es geschafft, selbst die Änderung hervorzubringen, die sie sich gewünscht haben. Große Militärkräfte konnten diese freien Geister nicht davon abbringen, was sie für sich selbst erreicht haben – das sagt doch alles.

Die Fakten über 2012 sind wirklich ganz einfach. Wir wollen ein besse-res Leben und eine bessere Realität, in der wir leben können und die, die das „Wissen" besitzen, wollen das verhindern, da sie die Änderungen fürchten. Dieses Hindernis müssen wir beseitigen und alles was wir tun müssen, ist es, diese Realität dadurch zu verändern, dass wir sie anders sehen.

Die meisten Menschen arbeiten einfach von 9 bis 17 Uhr und finden das normal, weil sie nichts anderes kennen. Das ist nicht falsch und es gibt viele, die sagen: He, warte mal, ich bin zufrieden mit meinem Leben, so wie es jetzt ist, warum sollte ich daran etwas ändern wollen? Wenn man nicht weiß, was möglich ist, dann ist es normal, dass man lieber das behalten will, was man kennt und viele bevorzugen es, so zu denken, solange sie können.

Aber wenn der Nutzen des ganzheitlichen Menschen einmal entstan-den ist, wird es für die Eingefleischten immer schwieriger werden, sich der neuen Realität nicht bewusst zu werden. So gesehen, gibt es wohl nicht viele Leute, die in Autos ohne Räder herumfahren, nur weil ihre Vorfahren die Erfindung des Rades ablehnten. Wenn wir einmal die Änderungen gesehen haben und was sie für uns bedeuten, werden wir ein Teil davon sein wollen, ein Teil von etwas, das die Menschen in die kosmische Bruderschaft aufsteigen lassen wird.

Schon bevor ich mit der Suche nach der Wahrheit über die Sonnenuhr von Settle und das Portal begann, wusste ich, dass wir diesen Planeten mit Besuchern teilen, die nicht menschlich sind und die nicht aus unserer Realität stammen. Einige dieser Besucher sind aus einer anderen Dimension der Erde und einige von anderen Plätzen im Universum. Einige dieser Besucher aus der anderen Welt sind menschliche Seelen, aber sie wohnen innerhalb des „physischen Computers" anderer biologischer Wesen (Maschinen). Um ehrlich zu sein, gibt es eine Fülle von Besuchern auf diesem Planeten und so war es schon seit Anbeginn der Zeit.

Ich weiß, dass es Leser geben wird, die das was ich sage, schwerlich als Wahrheit akzeptieren können. Das ist schade, da ich die Geheimniskrämerei bekämpfen wollte, indem ich ein Buch über das Portal in Settle schreibe und die Verschwörung von monumentalem Ausmaß, das hier über 400 Jahre lang in dieser Gegend ablief. Dies war eine Suche nach der Wahrheit und alles, was ich herausgefunden habe, habe ich dadurch entdeckt, dass ich selbst die Wahrheit akzeptiert habe und nicht durch Wunschdenken oder dadurch, mir etwas vorzumachen. Mir ist klar, dass ich mich durch die in diesem Buch aufgeführten Informationen, die erst noch bewiesen werden müssen, der Kritik und dem Spott aussetze, aber das akzeptiere ich als Teil dieser Entwicklung und hoffe, dass andere sich aus ihrer Bequemlichkeit aufraffen können, um das Unbekannte ebenfalls zu erforschen, in sich hinein zu hören und zu erwarten, dass das, was uns so oft erzählt wurde nicht unerreichbar oder unrealistisch ist.

Man kann diese Welt auf mindestens zwei Arten betrachten. Die erste ist eine Welt, die sich langsam mit der Zeit verändert und in der wir unsere Leben in der uns bekannten Routine und in unserem Alltag verbringen, ohne ungewöhnliche Ereignisse oder schwierige Zeiten. Die zweite ist eine Welt, die nicht von der Zeit regiert wird und in der Ereignisse gut, schlecht, glücklich und traurig in dem Moment geschehen, den wir sie anerkennen. Wir leben zeitweise in dieser zweiten Welt, meistens wenn wir schlafen und träumen, aber die Möglichkeit, eine neue Art der Erkenntnis ins Leben zu rufen, ist eine, die wir praktisch sofort ausführen können.

Wenn der Falke schnell und pfeilartig durch den Himmel schießt, kann er alles beobachten, was sich unter ihm in der Landschaft abspielt. Und die Zeit läuft für den Vogel anders ab und scheint schneller abzulaufen. Wenn er aber sanft auf dem Wind gleitet und er mehr von seiner Umgebung wahrnimmt, ist es mehr auf der Hut vor Veränderungen und ist sich nicht der Zeit bewusst, die dabei vergeht.

Wenn wir die Dinge langsamer angehen, werden sie interessanter und wir wissen es eher zu schätzen, was gerade vor sich geht. Das ist natürlich nicht hochwissenschaftlich ausgedrückt, aber es ist wichtig, um zu verstehen, warum wir Leben leben, die anscheinend eilig vorbeihuschen – die Tage haben einfach nicht genügend Stunden für uns. Natürlich nicht, denn wir haben diese Stunden erfunden. Es gibt keine Stunden pro Tag. Die Illusion der Zeit ist eine Fessel um den Hals der Menschheit, er stranguliert das Fortschrittsdenken und blockiert die Fähigkeit, völlig zu verstehen wer oder was wir sind. Und wir werden eine ganze Menge zu verstehen bekommen in der nahen Zukunft.

Als ich zwanzig Jahre alt war, habe ich begonnen, mit der Wahrsagerei herumzuexperimentieren. Ich habe eine kleine Kristallkugel gekauft, die möglicherweise gar keine Kristall war sondern Glas, und habe Stunden damit zugebracht in meinem Schlafzimmer in diese Kugel zu starren und die Zeit damit zu vertrödeln. Ich folgte jedem Ritual über das ich in alten und modernen Texten nachlesen konnte und hoffte, dass ich eine Information darüber finden würde, etwas in diesem Werkzeug zu sehen. Und raten Sie mal? Ich verschwendete nur noch mehr Zeit. Aber dann, eines Tages, sah ich ein furchtbares Gesicht, das sich aus den milchigen Nebeln der Kristallkugel erhob. Ein Monster, grün und schuppig, wie ein Reptiliendämon, der mich anstarrte, zischte und sich in seiner reflektierenden Gruft wand und mich halb zu Tode erschreckte! Danach fasste ich die Kristallkugel für lange Zeit nicht mehr an, aber dann wollte ich wissen, was passiert war und warum es passiert war und wollte herausfinden, ob ich diese Erfahrung wiederholen und fortführen konnte. Diese Erfahrung war eine Suche und ein Test für mich, nichts was ich fürchten musste, sondern etwas was ich akzeptieren sollte und worüber ich die Wahrheit herausfinden sollte.

Seither sind über 30 Jahre vergangen und ich weiß immer noch nicht, was das für ein Monster war oder was es von mir wollte oder warum es zu mir gekommen ist. Damals hatte ich das Glück, einige außerirdische Wesen aus anderen Realitäten getroffen zu haben, inklusive meines Führers Sharlek und es war mir möglich, meine Beziehungen zu ihnen zu verstehen. Aber ich habe keine Angst davor, dass das Reptil eines Tages plötzlich wieder zurückkommt (und falls ja, dann würde ich den Augenblick im Herzen umarmen) und vielleicht ist es das ja in Gestalt der Eule? Denn ich weiß, dass die Zeit für mich stillstand als diese Manifestation vor über 30 Jahren geschah und mir half, mein Leben und meine Sicht der Welt zu verändern. Ich zähle nicht die Jahre und warte darauf, dass die Erinnerung an das Erlebnis verblasst, ich warte darauf, dass die Zeit mich und das Reptil einholt und auch mein aktuelles Verständnis davon.

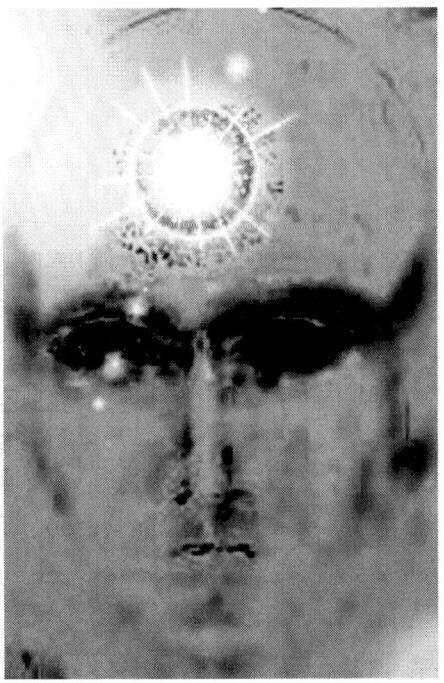

Abb. 47: Der spirituelle Führer des Autors, Sharlek. Bild: Nigel Mortimer

Die meisten Menschen haben Probleme mit ihrem Ego. Viele denken, dass sie davon nicht betroffen sind, aber die Art wie die Gesellschaft funktioniert und wie wir mit ihr konform gehen möchten im Alltag, sind

Gründe, warum wir oft denken, dass wir besser sind als wir es in Wirklichkeit sind. Verstehen Sie mich nicht falsch, ich weiß, dass wir alle wunderbare Menschen sind und viele Fortschritte gemacht haben in relativ kurzer Zeit, besonders intellektuelle, und das ist etwas, auf das wir stolz sein sollten, aber um ehrlich zu sein, scheitern wir dafür in vielen anderen Bereichen. Das Ego kann uns in hohe gesellschaftliche Positionen bringen, auf denen wir dann vergessen, wer wir sind und im Extremfall rücksichtslos mit unseren Mitmenschen umgehen und sie sogar töten. Wenn bestimmte Menschen eine Machtposition erreichen, dann lassen sie ihr Ego das Ruder übernehmen anstatt dem Verständnis um Wohlergehen und Wachstum. Das Ego ist tatsächlich das größte Hindernis auf dem Weg der Erkenntnis und dem Kontakt mit unserem höheren Selbst. Da wir alle spirituelle Wesen sind, die hier auf der Erde der Reise ihrer Seele folgen, sollten wir nicht den Materialismus an erster Stelle sehen, denn sonst werden wir die Tatsache übersehen, dass alles außerhalb des Geistes nur eine Illusion ist, die uns unsere „Computergehirne" erschaffen haben, die weniger als zur Hälfte auf das eingestellt sind, was wirklich vor sich geht.

Verständnis ist das Schlüsselwort. Wir müssen uns Zeit nehmen, eine andere Art von Verständnis aufzubringen und ich weiß, dass das verrückt klingt, aber es ist möglich. Sie können entweder durch das Computergehirn verstehen, das Zugang zum Geist hat (dem Programm, das innerhalb der elektrischen Komponenten des Gehirns aus Fleisch und Blut abläuft), das wir ohne groß „nachzudenken" täglich nutzen. Oder wir können durch unsere Fähigkeit „zu wissen" verstehen. Wir denken immer, dass wir Dinge wissen, weil man sie uns beigebracht hat und wir uns dann künftig an sie erinnern können und das ist auch bis zu einem gewissen Grad wahr, aber es gibt auch einen Prozess des „Wissens", der uns zu einem tieferen Verständnis der Informationen führt.

Rutengänger wie ich, benutzen diese Art des Wissens die ganze Zeit und können schließlich Informationen erhalten ohne sie zuvor gelernt oder von ihnen gehört zu haben. Es ist mit ESP verbunden, aber nicht dasselbe, denn ESP nutzt das Computergehirn um Fragen zu stellen und dann Antworten zu erhalten, die dazu passen aber oft neben den richtigen auch falsche Informationen durchlassen. Beim Prozess des „Wissens" empfängt die Person auf passive Art Informationen und das materielle Computerhirn gibt nicht vor, was diese Information ist oder woher sie stammt. Das kommt daher, dass diese Information überall gleichzeitig ist und wir ein Teil dieses „Wissens" sind. Es existiert bereits, aber als physische Menschen haben wir nur zwei Möglichkeiten, Zugang zu dieser Information zu erhalten. Da wir Teil von allem sind, greifen wir tatsächlich auf etwas zurück, das wir bereits wissen. Wir haben versucht, dies bereits früher zu verstehen und haben es „Instinkt" genannt.

Wenn ich Ihnen jetzt sage, dass ich einen absoluten Beweis dafür habe, dass Aliens existieren und Sie dann fragen würde, was Sie denken, woher diese kommen und wie sie hierher gelangen, würden die meisten von Ihnen antworten, dass sie von einem weit entfernten Planeten kommen und mit UFOs hierher reisen. Nun ja, einige können es und tun es auch, aber diejenigen, die bereits ein volles „Verständnis" entwickelt haben, tun das nicht. Sie haben schon vor sehr langer Zeit erkannt, dass die multidimensionale Wesen sind und als solche Teil von Allem sind, das jemals da war und jemals sein wird. Daher bevorzugen Sie die Methode des Reisens innerhalb eines Augenblicks (oder Bewegung und Manifestation des Wesens). Möglicherweise haben sie diese Fähigkeit in der Periode ihrer Evolution erreicht und aktiviert, in der sie den spirituellen Aspekt ihres Seins entdeckt haben…Vielleicht genau wie wir in Naher Zukunft, wenn die aktivierten Menschen uns zurück in eine Zeit führen, als die ersten Menschen auf diesem Planeten lebten und die so viel spiritueller waren, als wir heute. Das war lange Zeit in Vergessenheit geraten, da man uns erzählt hat, dass so etwas unmöglich ist, und unser Computerhirn es geglaubt hat.

Und genau darum haben die, die an der Macht waren und die Sonnenuhr von Settle verstanden haben, was sie wirklich ist und wozu man sie benutzt, die Wahrheit verändert. Sie wussten, dass wenn sie den gewöhnlichen Menschen etwas anderes darüber erzählen würden, dann würden diese schließlich dasselbe weitererzählen. Man hat sie negativ beeinflusst und ihnen erzählt, was es angeblich ist - und die einfachen Leuten wussten es nicht besser und haben diese falschen Ansichten übernommen. Dieselbe Situation haben wir heute mit den Medien und den versteckten Agenden derer, die die Macht über diesen Planeten haben!

Welche Beweise habe ich dafür, um solche starken Behauptungen aufzustellen, die die Weltregierungen und massive Verschleierungen in Verbindung mit Portalen und uralten Stätten bringt? Es gibt tatsächlich eine wachsende Anzahl von Beweisen, dass dies der Fall ist. Wenn es wahr ist, dass die, die an der Macht waren, die Portale und die Gitternetzlinien der Welt verstanden haben und sie das schon seit mindestens dem 17. Jahrhundert wissen, warum sollten sie dann nicht versucht haben, diese schon früher zu bedienen?

Die einfache Antwort lautet: das haben sie! Und die beste Information darüber, die ich aus meinen Forschungen anbieten kann geht zurück in das Jahr 1980. Damals wurde eine streng geheime amerikanische Spionagebasis nur ein paar Meilen von Settle entfernt hier in England gebaut. Man hat sie tatsächlich genau an der Stelle gebaut, an der sich früher eine Anlage der Jungsteinzeit befunden hat. *RAF Menwith Hill* liegt an der A59 zwischen Harrogate und Skipton in North Yorkshire und ist der ganze Stolz der *National Security Agency (NSA)*, die auf Lauschangriffe (*„microtelecommunication eavesdropping"*) auf jeden Einwohner der ganzen Welt spezialisiert sind. *RAF Menwith Hill* liegt auf dem ehemaligen Weideland der örtlichen Farmer und alte Landkarten dieses Gebietes zeigen, dass auch der Abbau von Sandstein dort verbreitet war. Tatsächlich liegt im Norden ein großer Steinbruch, auf dem Land, auf dem heute die Basis liegt und das *Steeplebush* genannt wird. Dieses Land hat sich im Laufe der Zeit nicht sehr verändert und alte öffentliche Wege sind immer noch auf modernen Landkarten verzeichnet und verlaufen über das Grundstück der Basis selbst, aber die NSA hat das Freie Durchgangsrecht jetzt verboten. Was einst das Farmland unserer Vorfahren war, wird jetzt regiert von den vereinigten Streitkräften, die bereit sind, jeden gefangen zu nehmen, der über ihr Land läuft.

Um herauszufinden, ob früher vor dem Bau der Basis ein Steinkreis an der Stelle existiert hat, müssen wir alte Landkarten untersuchen, denn in diesen findet man oft Beweise für solche Dinge. Landkarten aus den Jahren vor 1900 zeigen sehr oft alte Artefakte, Hügelgräber, Grabhügel, Begrenzungssteine, alte Brunnen, Anlagen und natürlich Steinkreise, von denen viele verloren gegangen sind oder von den modernen Menschen abgebaut worden sind. Es ist bestürzend, wenn man sieht, wie viele Steinkreise von den späteren Landkarten „verschwunden" sind. Zum Glück gibt es noch Orte wie *Blubberhouse Moor*, wo auch *Menwith Hill* liegt, wo man immer noch megalithische Steine findet, die von örtlichen Archäologen oder Forschern wie Paul Bennett untersucht werden.

Der größte Steinkreis von Rombalds Moor steht immer noch an Ort und Stelle und ist auf vielen Landkarten über die Jahrhunderte hinweg eingetragen ohne jede Änderung.

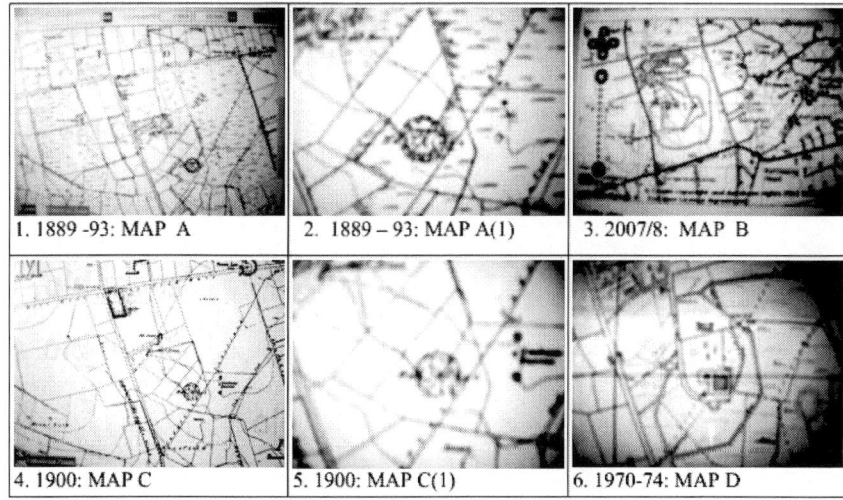

Abb. 48: „Round Trees" bei „Menwith Hill", alte Landkarten des Gebiets

Beide Gebiete sind in ihrer Topographie ähnlich und haben ein vergleichbares Gelände. Sie wären ein wunderbarer Gastgeber für steinzeitliche Bewohner der fernen Vergangenheit. Wenn wirklich ein großer Steinkreis in Menwith Hill existiert hätte, dann hätte er auf mindestens einer der alten Karten verzeichnet sein müssen. Und sogar wenn ein Beweis für den Steinkreis selbst in diesen alten Landkarten fehlt, dann sollte es doch möglich sein, Hinweise darauf zu finden auf frühe Siedlungen, die man mit den megalithischen Steinen in Zusammenhang bringt, Hinweise auf ihre Inbesitznahme dieses Gebietes.

Ich beschloss also, so viele alte Karten wie möglich zu prüfen und diese dann mit den neuen Karten zu vergleichen, hauptsächlich mit denjenigen, bevor die NSA mit den Bauarbeiten begann und kurz danach. Ich habe Karten von 1889-1893, 1900, 1958, 1970 und modern Karten über Google Earth, die von ca. 2007/2008 stammen. Wenn es irgendeinen Hinweis auf einen Steinkreis oder Überreste stehender Steine geben sollte, dann wären sie wohl auf den älteren Karten von 1889 bis 1900 zu finden

157

sein. Sogar die Karten aus den späteren 1800er-Jahren enthalten noch einige Referenzen auf alte Stätten. Viele von ihnen waren Heidnische Plätze, die der religiösen Reformation jener Zeit entgangen sind und die nicht nur „Druidische Tempel" waren, die man von der Landkarte streichen musste. Aber sie wurden zerstört, verändert oder umgebaut und für christianisierte Gebäude und Siedlungen verwendet.

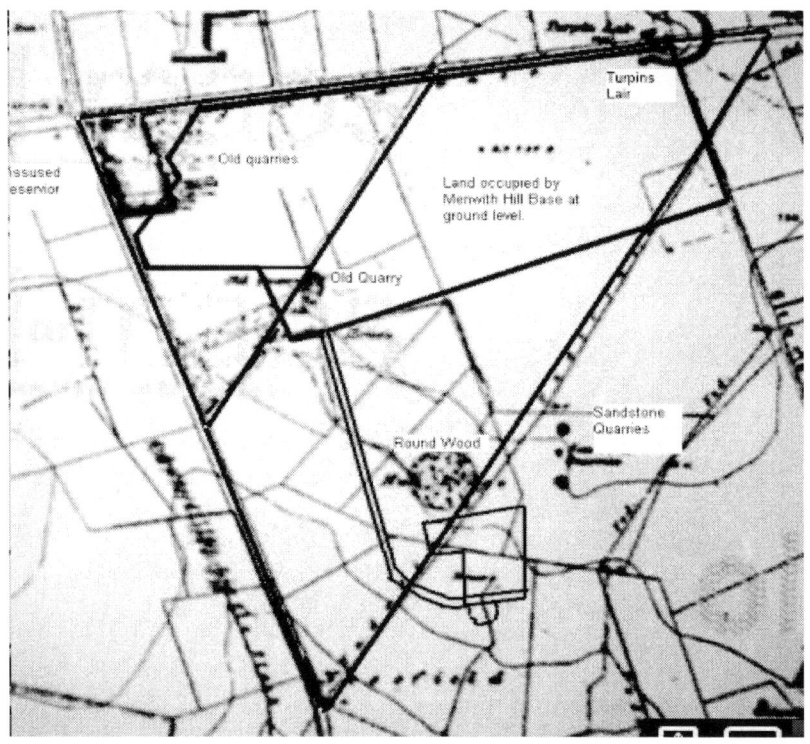

Abb. 49: Sicht auf „Menwith Hill" mit dem alten Grabhügel „Round Wood"
(Karte).

Ich vermute, dass es ganz besonders davon abhing, wer die Karten damals erstellte, ob diese uralten Relikte aufgenommen wurden oder nicht. Manchmal, sogar wenn ein Steinkreis aus der Karte jener Zeit gestrichen wurde, wäre es immer noch möglich, zu sehen, wo er am wahrscheinlichsten gestanden hatte, weil der Name des Kreises oder der stehenden Steine als Hinweis erhalten geblieben sein könnten. Und diese Karten zeigen oft einen hervorgehobenen Bereich (üblicherweise in Form eines Ringes) in der Landschaft, der eine kreisförmige Eindämmung oder Umrandung des Kreise gewesen sein könnte und die immer noch in der Landschaft vorhanden ist, auch wenn der Steinkreis selbst verschwunden ist.

Die NSA Webseite informiert darüber, dass die *Menwith Hill Base* ein Gelände von ca. *560 Acres* (vielleicht mehr, wenn man Steeplebush dazuzählt) umfasst. Ein Bereich, der ständig entwickelt und weiter ausgebaut wird. Wenn man moderne Karten dieses Ortes anschaut, ist es schwierig, sich vorzustellen, was sich vorhin an der Stelle dieser Basis befunden haben mag, falls es da überhaupt etwas Bemerkenswertes gegeben hatte. Bevor ich irgendetwas anders unternahm, fand ich es wichtig, die ältesten Karten (MAP A) zu untersuchen, um festzustellen, welche Merkmale der Landschaft vor 1889 aufgezeichnet worden waren. Wie man sehen konnte, hatte der Verlauf der Wege und Pfade (die später zu Straßen wurden) sich nur wenig verändert, dasselbe ließ sich über die Grenzen von Feldern und Ortsnamen sagen. Wir können auf der Karte von 1889 sehen, dass ein bestimmtes Objekt hervorsticht, besonders aufgrund seiner Kreisform. Meine Aufmerksamkeit kehrte immer wieder auf diesen Punkt zurück, je länger ich die Karten betrachtete. Und diese Sehenswürdigkeit in der Landschaft ist bekannt als „Round Wood". In der Karte A(1) wird der Name dieser Stelle mit „Hawk Ridge" angegeben oder mit Round Hill Ridge. Manche schlagen sogar Round Hat Ridge vor, aber ich denke, dass die vorgenannten eher passen.

In der Folklore und Mythologie mehrerer Völker erscheinen Falken und Adler und werden oft als Sonnenvogel bezeichnet, der in Verbindung gebracht wird mit den Sonnengöttern. Das Symbol des Falken in Bezug auf unsere Suche haben wir bereits besprochen. Die Verbindung von Habichten und Falken mit anderen alten Stätten im *Washburn Valley* und in *Wharfedale* spiegelt sich in Namen wie *Hawksworth* und *Hawkstone* etc. wieder.

Ganz sicher war 1970 die Stelle bei Menwith bekannt und in der Karte eingetragen als „*Round Wood*" (Runder Wald). Das machte mich nachdenklich. Ein Wald, oder ein paar Bäume in Kreisform in einer Landschaft um ca. 1800, die die Karte nicht zeigt und auch keine anderen runden Körper in der Nähe, war sehr ungewöhnlich. Was aber in der Nähe war und sich auch in der Karte von 1889 nachweisen ließ, waren Sandsteinbrüche im Norden und Osten von *Round Wood*. Diese werden auf der Karte als „Old Quarry" bezeichnet und daher kann man vermuten, dass sie bereits damals schon nicht mehr in Gebrauch oder bereits sehr alten waren.

Ich denke, man könnte sagen, dass *Round Wood* ein weiteres Beispiel für einen Grabhügel aus der Bronzezeit ist und wenn das so ist, dann würde das zeigen, dass dieses Gebiet von den frühen Menschen als ein besonderer Platz der Anbetung betrachtet wurde. Oder einem Platz an dem die Schleier zwischen dieser und anderen Dimensionen durchgängig waren? Bezüglich der naheliegenden Steinbrüchen, wäre ich überrascht, wenn die Position von *Round Wood* nicht früher einmal ein Ring aus Steinen gewesen war, der tatsächlich einige runde Grabhügel enthielt, auf die man Steine gestellt hatte. Also wie eine unterstützende Bauweise, die man für Begräbnisorte nutzte, vielleicht auch als Erinnerung an die früheren Steinmonumente an dieser Stelle?

Was auch immer die Bedeutung von Round Wood ist, es scheint, dass die Planer der Basis davon angezogen worden sind, denn auf Karte D (1970-74) kann man sehen, dass eine Zugangsstraße bis zu einem seltsamen quadratischen Gebäude im Süden des Round Hill Hügel angelegt worden ist. Später auf derselben Karte, kann man sehen, dass alle Beweise dafür, dass es jemals einen Round Hill gegeben hatte, ausgemerzt worden sind! (Obwohl interessanterweise drei kleine Markierungen auf der Karte zeigen, wo Round Hill auf der Karte gelegen hatte und diese waren in früheren Karten Zeichen für Steine und Felsbrocken). Irgendwann zwischen 1966 und 1970 wurde Round Hill vom Angesicht der Erde gewischt durch den Bau des strategischsten NSA-Baus auf der ganzen Welt. Und das alles ohne jegliche Information an die Archäologen des Landes. Oder doch nicht?

Gang in den Untergrund

Das Problem, das ich mit Menwith Hill als einer streng geheimen Einrichtung habe (egal was sie da angeblich machen), ist, dass sie einfach zu offensichtlich und zu auffällig ist. Wenn die Anlage so geheim ist, sollte sie dann nicht versteckt sein, vielleicht irgendwo in den weniger zugänglichen Yorkshire Dales und nicht gerade am Eingang zu den größten Städten des Landes bei Harrogate (tatsächlich weniger als 8 Meilen entfernt!)?

Abb. 50: RAF Menwith Hill Base mit der Antennenkuppel im Hintergrund. Foto: Nigel Mortimer

Menwith Hill Base ist eigentlich kein Geheimnis, denn die ganze Welt weiß, dass diese Basis dort liegt und jeder den es interessiert oder auch nicht, weiß was sie tun, weil uns die guten Leute der NSA alles darüber berichten. So geheim ist also Menwith Hill! Es wurde eine Zeitlang darüber debattiert, ob der echte Deal das ist, was man nicht sehen kann (sogar wenn es futuristisch oder außerirdisch wirkt, mit diesen riesigen golfballähnlichen Antennenkuppeln. Aber das ist nur, um Sie von der Fährte abzulenken!) Es geht nämlich um das, was man nicht sehen kann und das ist vermutlich direkt unter Ihrer Nase auf der Basis – und das meine ich wörtlich!

1966 arbeitete Herr Bellows aus Leeds für eine Privatfirma, die Rohr-Verschalungen an die Basis lieferte. Er lieferte drei Monate lang Materialien an die Basis und er schätzte, dass es etwa 20 Quadratmeilen Schalldämmung war, Wasserrohr-Verkleidungen und andere Rohrverkleidungen, die dorthin geschleppt wurden. Er ist immer noch verwundert darüber, wie viel davon gebraucht wurde, denn die Basis, für die er dachte, dass das Material bestimmt war, war nur etwa ein Achtel so groß wie das Gebiet, für das sein Material ausreichte. Und es wurde auch kein Material an ihn zurückgeliefert. Es verschwand einfach, kaum dass er es abgeliefert hatte. Daraus schloss er, dass der einzige Ort, an dem es gelandet sein konnte, unterirdisch war…

Ich weiß, dass es eine große Aufregung über UFOs und unterirdische Militäranlagen gibt, von denen man behauptet, dass sie auf der ganzen Welt existieren. Aber für die meisten „normalen Zivilisten" klingt das lächerlich. Wenn wir allerdings die Topografie der Region um die Yorkshire Dales und speziell die des *Blubberhouse Moore*s studieren, dann stellen wir fest, diese einer solche Behauptung sehr wohl standhält. Diese Region ist seiner geologischen Struktur nach wie eine Bienenwabe aus unterirdischen Entlüftungskanälen, Höhlen und Tunnelsystemen sowie von Menschen gebauten Mineralien-Minen-Stollen.

Wie ein Höhlenforscher aus der Region erklärte, mich dem ich einmal gechattet habe, *„gibt es eine komplett unbekannte Welt da unten, direkt unter den Füßen der Menschen, die nichts davon wissen! Die unterirdischen Welten sind der Stoff aus dem die Mythen und Legenden sind, aber in diesem speziellen Teil von Yorkshire gibt es eine bestimmte Geschichte, die sich ständig zu wiederholen scheint: Menschen, die Höhlen betreten, gehen in den Tunneln verloren und treffen dann plötzlich auf seltsame Phänomene, die sie später nicht auf gewöhnliche Weise erklären können. Ein gutes Beispiel dafür findet man in dem Buch „The Lost World of Agharti" von Alec MacLellan. Der Autor erzählt, wie er sich in die Hügel westlich von Menwith Hill aufgemacht hat und eine Höhle auf dem Berg betreten hat. Dann wurde er durch ein donnerndes Geräusch erschreckt und ein seltsames grün glühendes Licht verfolgte ihn aus dem Inneren der Erde!*

„Es gibt eine lange Tradition in den West Riding of Yorkshire, eine Tradition, die besagt, dass es irgendwo in den Hügeln einen Eingang in eine unterirdische Welt gibt. Im herkömmlichen Sinn verstand man darunter ein unterirdisches Königreich, das von Elfen und Kobolden heimgesucht wird und von dem Kleinen Volk, aber nach ein oder zwei anderen Sagen, die sich bis heute gehalten haben, handelt es sich um die Siedlungen von Menschen wie uns, die seit undenklichen Zeiten versteckt vor uns dort gelebt haben." Alex MacLellen.

Menwith Hill ist kein Geheimnis, aber es birgt Geheimnisse und das ist ein Unterschied. Nein, ich denke, dass *Menwith Hill Base* genau da sein musste, wo es sich jetzt befindet und dass es keine andere Option für seinen Standort gab oder gibt. Als ich mich schon dem Abschluss meiner

Recherchen über das Portal am *Menwith Hill* näherte, stolperte ich über eine faszinierende Information: *„Menwith Hill Base liegt in einem Gebiet von außerordentlich wichtiger archäologischer Bedeutung – einer Neolithischen Siedlung. Eine Fülle von Feuerstein-Mikrolithen wurde in der Gegend um die Basis gefunden. Die amerikanischen Besatzer haben ca. 1990 einen alten Megalithen, der bekannt war als „Tibby Bilton" (Bilton ist ein Gebiet im Norden von Harrogate und Tibby kommt vom Spanischen Tabitha und bedeutet: wunderschön, Gott unterwürfig, eine Variante von Elizabeth) entfernt und dies war möglicherweise der letzte übrige Stehende Stein einer prähistorischen Gruppe von Steinen, die zu einem Steinkreis gehörten."*

In jüngerer Zeit scheint die Verbindung des Portals mit Menwith Hill deutlicher gewesen zu sein. Es gibt ein geheimes Programm, das auf der Basis abläuft und das OPERATION PHOENIX genannt wird. Und dieses wurde im Jahr 2010 dem Parlament zur Kenntnis gebracht:

Q: Fabian Hamilton: To ask the Secretary of State for Defence if he will make an assessment of the purposes of Operation Phoenix activities at the US base at RAF Menwith Hill.

A: Nick Harvey: Project Phoenix is the name given to the demolition and replacement of one of the original operations buildings at RAF Menwith Hill. Construction works are estimated to be completed by June 2011. (15 Nov 2010: Column 564W).

Es scheint ein treffender Name für das Projekt auf der Menwith Hill Base zu sein: Projekt Phönix (oder auch Operation Phönix).

1. Die Zerstörung und das Ersetzen eines der ursprünglichen Einsatz- Gebäuden auf der *RAF Menwith Hill Base*? Könnte das ein Gebäude im Zusammenhang mit *Round Wood* bedeuten?
2. Wo haben wir schon von Projekt Phönix gehört? Ach ja… Projekt Phönix ist ein SETI-Projekt: die Suche nach außerirdischer Intelligenz durch die Analyse von Mustern in Radiosignalen. Es wird vom unabhängig gegründeten *SETI Institute of Mountain View, California, USA*, betrieben und startet im Februar 1995 mit dem *Parkes Radio Teleskop in New South Wales, Australia*, dem größten Teleskop der südlichen Hemisphäre. Zwischen September 1996 und April 1998 hat das Projekt das *National Radio Astronomy Observatory in Green Bank , West Virginia , USA*, benutzt.

Aber eher als zu versuchen, den gesamten Himmel nach Nachrichten abzusuchen, konzentriert sich das Projekt auf nähergelegene Sonnensysteme, die unseren eigenen ähnlich sind (d.h. diejenigen Planeten, auf denen es am ehesten Leben gibt). Das bedeutet, dass sich das Projekt auf ca. 800 Sterne in einem Umkreis von 200 Lichtjahren konzentriert. Das Projekt sucht nach Radiosignalen im Abstand von 1 Hz zwischen 1000 und 3000 MHZ – eine ziemliche Bandbreite verglichen mit den meisten SETI Suchen. Auf der anderen Seite wäre Operation Phönix denn nicht ein sehr passender Titel für ein Projekt, bei dem man sich an etwas, das man vergessen hatte wie z.B. eine historische Stätte, plötzlich wieder erinnert (wie ein Phönix, der aus der Asche stieg in ferner Vergangenheit?) und was einen ganz neuen Weg der direkten Kommunikation mit solchen Außerirdischen ermöglicht?

Sogar wenn es den Supermächten schließlich gelungen wäre, herauszufinden, wie man die Portale aktiviert und bedient, denke ich, dass ihre Methode sich davon abgeleitet hätte, sich das Problem aus einer materiellen Sicht anzuschauen, einer Haltung, die leider naheliegend ist für alles, was wir in der alltäglichen Welt sehen, in der wir leben. Jedoch gab es in jüngerer Zeit Hinweise auf die Verwicklung von Amerika in Experimente, die die menschliche Fähigkeit beinhaltete, Informationen mittels psychischer Fähigkeiten zu erhalten, bei der die Testperson per Fernwahrnehmung andere Plätze von einem festen Punkt aus besucht und die Informationen durch Aufschreiben oder Zeichnen in die Realität bringt, die er mit seinem Dritten Auge gesehen hat. Das Projekt hieß „Stargate" und wurde vom *Federal US Government* in enger Zusammenarbeit mit der NSA (die Menwith Hill leitet) durchgeführt von den frühen 1970er Jahren an bis, wie man uns sagte, 1995.

Projekt Stargate war, wie man uns sagte, eines von verschiedenen Unterprojekten der Untersuchung von Psychischen Phänomenen für die mögliche Militärische und häusliche Anwendung. Einige Jahre nachdem das Projekt beendet wurde, gab das *Stanford Research Institute (SRI)* und *The American Society for Psychical Research* folgenden Ergebnisse bekannt:

„Untersuchungen belegen ein überwältigendes Argument gegen die Fortsetzung des Programmes innerhalb des Geheimdienstes. Obwohl ein statistisch signifikanter Effekt im Labor beobachtet werden konnte, blieb es unklar, ob die Existenz eines Paranormalen Phänomens, der Fernwahrnehmung, demonstriert

worden ist. *Die Laboruntersuchungen beweisen weder die Ursprünge oder die Natur des Phänomens, angenommen es existiert wirklich, noch entsprechen sie dem wichtigen methodologischen Vorgehen einer bereichsübergreifenden zuverlässigen Beurteilung. Daraus schließen wir, dass ein fortgesetzter Gebrauch der Fernwahrnehmung in den Operationen des Geheimdienstes nicht berechtigt ist.*"

In den Jahren seit 1995 gingen Gerüchte unter den Befürwortern der parapsychologischen Kräfte um, dass diese Resultate keine echten Spiegelungen dessen waren, was erreicht wurde, sondern dass die offizielle Linie der NSA dieselbe blieb und sie nur öffentlich behaupteten, kein Interesse an diesem Thema mehr zu haben. Aber 2011 kamen neue Informationen ans Licht, die die große Frage aufwarfen, ob wir wirklich dem trauen konnten, was von denen gesagt wurde, die für das Projekt verantwortlich waren.

2007 hat der UFOloge Nick Pope, der für das MoD *(Ministry of Defence, Verteidigungsministerium)* gearbeitet hat, ein Dokument bekanntgemacht. Es sagt ganz klar aus, dass Mitglieder der Regierung den Versuch unternommen haben, an den Experimenten teilzunehmen, während sie gleichzeitig bekanntgegeben haben, kein öffentliches Interesse an diesem Thema zu haben und auch an keinem anderen, das unter den Begriff „paranormal" eingeordnet werden kann. (Seite 11 – 50 des Dokuments, die das *Remote Viewing Projekt* betreffen, wurden 2001 von der Regierung bereits freigegeben unter dem *Freedom Of Information Act* (FIA) und veröffentlicht von Timothy Good). Wir wissen, dass diese Aussage nicht wahr ist und dass militärische Einrichtungen und Weltregierungen eine Serie von Projekten durchgeführt haben, die definitiv den Erhalt von Informationen mit Hilfe okkulter Methoden beinhaltete.

Nick Pope behauptet, dass *„Teilnehmer eingeladen wurden, um sich testen zu lassen, aber wiederum gab es keinerlei Hinweise darauf, dass der wirkliche Sponsor das MoD war. Die Tests fanden statt in einer Einrichtung, die angemietet war, um die Tatsache zu verschleiern, dass es sich dabei um ein Regierungsprogramm handelte. Die „Remote Viewer" erhielten einen detaillierten Fragebogen, der auch Fragen beinhaltete wie z.B. „In welchem Alter haben Sie ihre erste mediales Erfahrung gemacht"? Und „Haben Sie jemals an einer Séance teilgenommen?"*"

Der Grund, der für die Veröffentlichung der Dokumente unter dem FIA angegeben wurde, war, dass diese unverdächtigen Mitglieder der psychologischen Gesellschaft in dem Programm „benutzt" worden waren, das der MoD dabei helfen sollte, den Aufenthaltsort von Osama Bin Laden nach den Gräueltaten vom 11. September herauszufinden und jegliche Methode der Informationsbeschaffung wurde versucht, egal wie bizarr sie war, solange sie zum gewünschten Erfolg führte. Wir müssen uns aber dabei fragen, ob es wirklich notwendig war, dass das MoD seine eigenen Bürger überlisten musste, um ihnen weiterzuhelfen, wenn man doch annehmen durfte, dass die meisten von ihnen, wenn nicht sogar alle, glücklich darüber gewesen wären, in dieser Situation helfen zu können?

In seinem faszinierenden Buch, das ich dringend empfehle *„Does it rain in other dimensions?"* diskutiert Mike Oram seine persönlichen Nahbegegnungen mit Wesen aus anderen Realitäten und sein lebenslängliches Interesse an UFOs. In dem Buch erzählt er seine Erfahrungen, die er gemacht hat, während er auf einem Feldweg bei Groom Lake, Nevada, in der Nähe von Area 51 unterwegs war. Er bemerkte einen grauen Militär-Pickup-Truck hinter sich. Er hielt sein Auto an und stieg auf der Fahrerseite aus. Dabei bemerkte er *„eine kleine violette Blume, die im Wüstensand wuchs"*. Diese Blume hatte einen ungewöhnlichen Effekt auf seine Gefühle und schien zu wachsen und alles um ihn herum in ihre Essenz einzufangen. Innerhalb der 15 Sekunden, die Mike benötigt hatte, um aus dem Auto auszusteigen, war der graue Truck hinter ihm verschwunden! Unter hypnotischer Rückführung, erinnerte sich Mike, wie er eine Geräusch hörte, bevor er das Auto anhielt und wie der Reifen platt war, aber bevor er noch aussteigen konnte, war er vom Militär umgeben, das ihm mit Waffenwalt befahl, auszusteigen.

„Wir gingen zum Heck des Wagens, wo ein Truck mit einer seltsamen Apparatur auf der Ladefläche stand. Der Truck hatte eine lange, röhrenähnliche Apparatur geladen, an der anscheinend zwei Räder befestigt waren." Mike dachte in seinem Unterbewusstsein, dass diese Räder drei Magnetspulen waren, die *„Magnetischer Puls Generator"* genannt wurden. Mike wusste, dass dieser Apparat ein Portal schaffen konnte. Es war ein *„Mobiler-Portal-Bildner"*. Mike behauptet, dass das Militär ihn gezwungen habe, durch das Portal zu treten, das sie vor seinen Augen geschaffen hatten. Es war rund und ungefähr sieben Fuß groß und ein paar Inches über dem Boden. Man konnte die Wüste durch das Portal sehen und es sah aus wie wellenförmige Energielinien, wie kräuselndes Wasser. (Anmerkung des Autors: ich habe diesen Effekt selbst gesehen am „The Folly" – Portal in Settle!). Als

Mike durch das Portal hindurch schritt, fand er sich selbst in einer unterirdischen militärischen Einrichtung wieder. In der einen Minute stand er in der Wüste und in der anderen an einem gänzlich anderen Ort!

Zu dem Zeitpunkt hatte Mike noch nie von einem „*Magnetic Pulse Generator*" gehört, aber so etwas existiert! Pulsmagnete werden täglich in Kliniken benutzt und werden in zwei Kategorien unterteilt: nichtzerstörend und zerstörend. Man benutzt sie für alles vom Zertrümmern von Nierensteinen bis hin zur Schmerzbehandlung und der Behandlung von Schlafstörungen.

Es wird sogar behauptet, dass man Pulsmagnete verwenden kann, um das Wetter zu verändern. Eine extreme Art der Nutzung von Pulsgeneratoren wurde in das höchst umstrittene HAARP (High Frequency Active Aurora Research Program) integriert, welches 1993 von der Wissenschaft eingerichtet wurde, um *die ionosphärischen Abläufe besser verstehen, stimulieren und kontrollieren zu können und dadurch die Kommunikations- und Überwachungssysteme zu verbessern.* Aber in Wirklichkeit hat das HAARP System viele verschiedene Nutzungsmöglichkeiten und einige Wissenschaftler glauben, *dass HAARP mit seinem momentan äußerst hohen Wirkungsgrad dazu fähig ist, esoterische Phänomene hervorzubringen wie Gravitationswellen, die Fähigkeit, eine „Dimensions-Übergreifung" in Gang zu setzen sowie eine Krümmung der Zeit oder ähnliches.*

Mit anderen Worten, die HAARP Technologie manipuliert unsere Realität mit Hilfe von Wellen, die Gravitation auf hohen Frequenzen erzeugt, um ein inter-dimensionales Portal zu schaffen! Ich glaube, dass es besondere, geheime Kräfte in unserer Welt gibt, die die Regierungen als einen Schutz für ihre Aktivitäten nutzen wie z.B. die Quantenkommunikation zwischen ihnen selbst und Wesen aus einer anderen Welt. Sie haben schon lange herausgefunden, mindestens seit den 1600er Jahren, wie diese Kommunikationen auf dem Quantenniveau der Physik funktioniert und können sich auf bestimmte harmonische Frequenzen einschwingen innerhalb der Energie-Gitternetzlinien auf der Erde indem sie dazu Magnetwellengeneratoren verschiedener Art benutzen.

Es ist, als würden sie uraltes Wissen mit moderner wissenschaftlicher Technologie verschmelzen und dann Kommunikationen an bestimmten alten Stätten durchführen. Warum sollten sie wohl alte Stätten wie die, die wir beschrieben haben, in der Gegend von Settle dazu auswählen? Es hat alles mit den Steinen an diesen Orten zu tun, die wie Kondensatoren funktionieren, die eine sehr zarte Energie geladen haben, die durch die Kristalle und Mikro-Metalle darin aufgeladen werden. Aber der Geist oder das Innere Auge kann durch diese Ladung angeregt werden und es der empfänglichen Person ermöglichen, in verschiedenen Arten zu „kommunizieren", vielleicht durch Gedanken, das Hören von Geräuschen oder Stimmen oder durch sichtbare, projizierte Informationen. Wenn das der Fall ist, dass das Militär an solchen Experimenten arbeitet, wie können wir das dann beweisen? Nun, es gibt einige Beweise dafür, denn die meisten Berichte über das UFO-Phänomen, das überall auf der Welt gesichtet wird, geht immer im Zusammenhang mit Spezialeinsatzkräften zu den Zeiten der Sichtungen einher – und Settle ist da keine Ausnahme.

In einem Artikel mit dem Titel „ *Who is watching...?"*, der im April 2011 in einer Ausgabe der *Settle's Community News* erschien, heißt es: *„Die Veröffentlichung vom 3. März der englischen „X-Akten" enthüllte hunderte von Nachforschungen über unidentifizierte Flugobjekte. Die 8.500 Seiten in den 35 Akten stellen die größte Sammlung von geheimen UFO-Dokumenten dar, die die britische Regierung jemals veröffentlicht hat. Es war das letzte in einer Reihe von Veröffentlichungen als Antwort auf die Anfrage im Rahmen des Gesetzes über die Auskunftspflicht öffentlicher Einrichtungen. Zuvor war bereits ein Fall veröffentlicht worden, der als das „Ribble Phänomen" bekannt geworden ist."*

Die ersten Berichte über diesen Vorfall tauchten im Frühjahr 1942 auf, als die Einwohner von Langcliffe berichteten, dass sie Lichter im Himmel sehen und ein silbergraues Fluggerät in der Nähe von Barrel Sykes gelandet wäre. Viele behaupteten, dass sie sich dem Fluggerät genähert hätten, um es zu berühren, aber von einer starken Kraft daran gehindert wurden. Nach einem kurzen Aufenthalt flog es dann wieder davon und ließ die Zeugen verwirrt zurück. Diese erzählten der Polizei von dem Vorfall und ungeachtet des unterschiedlichen Alters der Zeugen, gaben alle eine identische Beschreibung ab und blieben auch bei der Geschichte, als sie von Beamten der Luftfahrtbehörde befragt wurden. Da das Land sich im Krieg befand und man befürchtete, dass diese Geschichte eine Panik auslösen würde, hat man sie unterdrück und die Zeugen in einem Krankenhaus in Harrogate festgehalten und deren Familien darüber informiert, dass sie an Halluzinationen litten, die vom Genuss eines Brotes stammten, das mit Mutterkorn kontaminiert war, was eine ähnliche chemische Reaktion auslöst wie LSD.

Der zweite Vorfall ereignete sich zwanzig Jahre später. Zwei Kinder, die im „Ribble" bei Bridgend fischten, wurde Zeuge wie eine große, silberne Kugel in das Wasser stürzte. In ihrem Bericht beschrieben sie es als „ungefähr so groß wie ein Hubschrauber". Sie rannten darauf zu und konnten von drinnen dröhnende, dumpfe Schläge hören. Da sie nicht es nicht erreichen konnten, rannten sie, um ihren Vater mit dem Traktor zu holen. Als sie jedoch zurückkehrten, war das ganze Gebiet voll von britischen und amerikanischen Truppen. Die Familie blieb inhaftiert während das Objekt geborgen und abtransportiert wurde. Man ließ sie Geheimhaltung schwören und informierte sie darüber, dass das, was sie gesehen hatten, eine neue Waffe war, die fehlgezündet worden war und dass sie mitten in eine gemeinsame Militärübung geraten seien zur Vorbereitung einer kommenden Militäraktion. In der Mitte des darauffolgenden Monats schickte Präsident Kennedy die amerikanische Marine nach Laos. Seither wurden regelmäßig die Gewässer des Ribble überwacht und der Erdboden der Barrel Sykes nach Kontaminationen untersucht.

Professor D'Avril von der *European Space Agency* sagt in seinem Bericht, dass *„das Wasser keine wie auch immer geartete chemische Veränderung anzeigt aber offenbar irgendwie eine „Erinnerung" an den Vorfall zurückbehalten hätte."* Das wird durch die Überprüfung der Bodenproben unterstützt, die eine *„erhöhte Anfälligkeit für biomagnetische Resonanz aufweisen"*.

Seither wurden in diesem Gebiet zahlreiche „Lichter im Himmel" gesichtet, mit einer zunehmenden Häufigkeit seit 1982. Viele wurden abgetan als amerikanische Stealth-Flugzeuge, einen geisterhaften Lancaster Bomber und entflogene Wetterballone. Die Behörden bemühen sich darum, eine Flugverbotszone im oberen „Ribble Valley" aufrechtzuerhalten. Der polnische UFOloge Glupek Kwiecien behauptet, dass *„die Arbeit von P.D. Avril die Idee unterstützt, dass es mit dem Ribble etwas ganz besonderes auf sich hat. Wir können nur gespannt abwarten, ob es 2012 einen weiteren Kontaktversuch gibt."* Es scheint, dass „die Wahrheit irgendwo da draußen liegt".

Ich schrieb eine email an die Zeitung und fragte nach weiteren Informationen über die beiden erwähnten Fälle und wartete dann auf Antwort. Vier Tage später erhielt ich eine. Nur ein paar Zeilen von Alistair Cook vom Produktionsteam. *„Oje"*, schrieb er, *„es sieht aus wie ein Aprilscherz, denn wir haben nie irgendwelche Berichte darüber gemacht. Das ist im letzten Jahr passiert."* Das ist alles, was er schrieb und daher beschloss ich, ihn nochmals zu kontaktieren, aber dieses Mal erhielt ich keine Antwort mehr. Das fand ich ziemlich merkwürdig. Ok, es war eine April-Ausgabe, also konnte es schon sein, dass man die UFOs ein wenig verspottet hatte.

Trotzdem gibt es verschiedene Punkte, die hier keinen Sinn ergeben, wenn das die wirkliche Erklärung ist.

1. Es hat in den Folgemonaten niemals einen Hinweis darauf gegeben, dass dieser Artikel nur ein Aprilscherz gewesen ist (während ich das Buch schreiben, sind 4 weitere Ausgaben erschienen)

2. Es gab ziemlich viele Details in dem Artikel für einen Aprilscherz und dann wurden nie irgendwelche Antworten auf diesen Scherz gedruckt?

3. Es ist richtig, dass während der angeblichen Landung 1942 in der Nähe von Settle, hochrangige Militärs in der Stadt waren. Es gibt heute noch eine Videodokumentation, die diese hochrangigen Offiziere bei einer Parade in der Stadt zeigt.

4. Anwohner nahe Barrel Sykes erinnern sich an die UFO-Landung dort (vermutlich an den Fall von 1960) und andere UFO-Erlebnisse, die in derselben Gegend, aber später stattgefunden haben und einer der Zeugen war der Kirchendiener von Langcliffe Church.

5. Alistair Cook sagt *„es sieht aus, als wäre das ein Scherz gewesen."* Müsste er es denn nicht wissen, ob es ein Scherz war oder nicht?

6. Das fragliche Gebiet ist weniger als 7 Meilen von dort entfernt, wo der berühmte High Bentham UFO Entführungsfall passiert ist (die Details waren damals im Fernsehen und im Internet) und das wurde nicht in dem Artikel erwähnt?

7. Alle anderen Artikel geben jeweils den Verfasser an. Aber bei diesem hier stand keiner dabei. Wäre der „Scherz" nicht überzeugender gewesen, wenn man einen Autor genannt hätte?

Wenn man die Gegend so gut kennt wie ich und dazu die überzeugenden Beweise, die bezüglich des Portals in Settle ans Licht gekommen sind, zusammen mit den neusten Fotobeweisen, dann denke ich, dass es hier ein weiteres Geheimnis gibt, das völlig offen vor einem liegt. Der Artikel bringt viel zu viele angeblich erfundene Informationen zusammen, die genau zu dem passen, was tatsächlich in Settle passiert ist und das kann doch keine pure Erfindung sein. Das ist aber nicht nur Wunschdenken von meiner Seite aus, denn die Beweise für das Portal bei der Sonnenuhr von Settle sprechen für sich und benötigen keine weiteren Beweise aus dem Artikel *„Who is watching? ..."*

Ja, *„die Wahrheit ist da draußen"* und vielleicht will uns wirklich jemand etwas darüber erzählen? Es wäre aber nicht das erste Mal, dass ein nichts schlimmes ahnender Herausgeber plötzlich zensiert wird, wenn er eine gedruckte Info herausbringen will, die ein wenig zu nahe an der Wahrheit liegt! Und genau darum geht es in Wirklichkeit. Es ist alles eine Frage der Wahrheit.

Wenn diese Wahrheit vollständig veröffentlicht, verstanden und realisiert wurde, dann wird die Menschheit die Besucher gerne in einer Welt willkommen heißen, die von einer gerechten und ehrlichen Rasse bevölkert wird. Leider sind wir immer noch dabei, diesen Status zu erreichen, aber viele werden bereits spüren, dass wir kurz vor dem Durchbruch stehen. Während unsere Regierungen das „Wissen" geheim halten, das wir dazu benötigen würden, sind sie auch nicht besser als die Leute von Settle damals, als sie alle dazu gebracht haben, zu glauben, dass die Sonnenuhr völlig unwichtig ist und sie aus der Landschaft verbannt haben.

Abb. 51: Künstlerische Darstellung der Lebewesen, die durch das interdimensionale Portal gereist sind. Das Wesen auf der rechten Seite hinten ist der himmlische Führer des Autors mit Namen „Sharlek". Bild: J. Jackman, mit freundlicher Genehmigung

Die Zerstörung der Sonnenuhr von Settle war eine Tragödie, da sie mit ihrem Verschwinden auch eine Hoffnung auf Freiheit auslöschte und den Glauben daran, dass alles möglich ist, wenn wir nur daran glauben. Sogar wenn wir schließlich die Wahrheit über die Portale und Sternentore herausfinden (und ich denke, dass wir das eher früher als später werden), wird es für einige gar keine so große Überraschung sein, da wir das Wissen darüber eigentlich schon immer in uns getragen haben. Wir sind Teil eines Ganzen! Aber SIE haben es uns nie gesagt!

Eine Nachricht von Sharlek, einem Besucher aus dem Portal:

'What grace upon you men of old
We brought to those who wait and hope
instructive plans of old and new
To give a sight and bring to view
All that came in glory be
For every man and minds at sea
Waves unknown to share the tide
Within a scope, without a hide
today we learn to give you all
The ways you seek to keep and toil
For in the end you will decide
That which you keep you cannot hide
We stay with you and share your grace
A jewel within a sacred place
Of the heart, the stone and blood
The life below that is above
All are One Methuselah line
The flame desired outside of time
Embrace we all forgive the past
And know within that you are not lost
Of those who come to seed the worlds
We love you most.'

Wie man ein Portal findet und es aktiviert:

Die Suche nach dem Portal von Settle war eine persönliche „Quest" für mich und meine Frau. Das ist der Hauptgrund warum wir überhaupt in diesem Gebiet leben und wir wussten von Anfang an, dass egal was hinter dem Geheimnis der Sonnenuhr liegt, wir diesen Weg bis zum Ende gehen würden. Jetzt wissen wir, dass wir das Auffinden des Portals nicht für uns behalten können, sondern dass es etwas ist, was jeder verstehen sollte. Das ist das Schicksal aller Menschen auf dem Planeten: die Portale zu verstehen und zu lernen, sie künftig zu benutzen.

In ferner Vergangenheit wussten die ersten Völker, wie man durch die Tore reist und mit Wesen aus anderen Dimensionen kommuniziert, doch dann vergaß leider der Großteil der Menschen dieses Wissen. Während des 17. und 18. Jahrhunderts fanden einige brillante Geister wie Newton die Wahrheit erneut heraus, aber wieder wurden dem allgemeinen Verständnis und dem Fortschritt durch Angst und Aberglaube Steine in den Weg gelegt. Von dieser Zeit an bis heute, gab es immer Besucher, die das Portal seit tausenden von Jahren benutzt haben und die uns helfen wollen, unser Schicksal zu erfüllen und Teil der kosmischen Familie zu werden.

Die Suche nach dem Portal war eine große spirituelle Suche für Helen und mich. Das Wachstum des Geistes ist wichtig, um herauszufinden, wer man ist und wo wir stehen, aber eins ist sicher. Wir müssen alle wissen, dass wir spirituelle Energien sind und immer Energie sein werden und als solches auch ein Teil von allem anderen sind. Wir sind alle Teil der Schöpferkraft, die wir Gott nennen. Meine Suche führte mich durch verschiedene Landschaften, die eine war unsere Realität in der Raum-Zeit, die andere mein innerstes Selbst. Durch die Kombination dieser beiden finden wir den wahren Pfad, auf dem das Bewusstsein interdimensionale Kommunikationen führen kann und auch durch die Portale reisen kann.

Claire „Vati" Watson von www.earthportals.com sagt: *„Wenn man nach dem Portal Ausschau hält, dann muss man genau auf die Temperatur achten und auf elektrostatische Empfindungen. Das Portal wird eine andere Temperatur haben, gewöhnlich kälter sein, als der Rest des Raumes und wenn man darin steht, sollte man ein kribbelndes Gefühl haben."* Ich habe herausgefunden, dass das stimmt, als ich am Berghang des Castleberg stand und dort so oft mit den Wesen aus anderen Dimensionen gesprochen habe. Sie fährt fort: *„Oft fühlt es sich an wie eine Gänsehaut, aber ohne Gänsehaut und die Haare am Körper stellen sich auf wie statisch geladen. Wenn ein Portal Zuhause aktiviert wird, kann man ein großes elektrostatisches Feld feststellen, das so viel Energie produziert, dass es eine Batterie laden könnte. Stellen Sie sich in das*

Portal und entspannen Sie sich völlig. Sie fühlen vielleicht eine Antigravitation,
die ich gerne als „schwimmendes" Gefühl bezeichne und die meine Arme veran-
lassen, sich über meinen Kopf zu erheben, da sich diese Position für sie am besten
anfühlt."

Anzeichen dafür, dass sich ein Portal manifestiert:

- Ein mysteriöser Nebel

- Unerklärliche oder seltsame Lichterscheinungen

- Phantomschatten von Menschen in diesem Bereich

- Seltsam aussehende Wesen in diesem Bereich

- Körperlose Stimmen, Geräusche und Schritte

- Ein plötzlicher Energieabfall des eigenen Körpers

- Unfähigkeit, sich zu bewegen oder alles wahrzunehmen

- Ganze „Trauben" von „ORBS" gehen in dem Gebiet ein und aus

- Seltsame Gerüche oder Gestank

- Auswirkungen auf die eigenen Emotionen

- Das Gefühl, beobachtet zu werden.

Auch Sie können ein Portal aktivieren!

Wenn Sie den „Heiligen Platz" erkannt haben, an dem Ihr Portal existiert, stehen oder setzen Sie sich außerhalb davon hin und schauen sie
hinein, ob etwas Ungewöhnliches passiert. Manche Leute sehen Lichter,
oder Lichtkugeln oder Schattenformen, die vorbeifließen. Wenn möglich,
passen sie sich dem Raum an und verbinden Sie sich damit, indem sie
eine Affirmation wiederholen. Und vergessen Sie bitte nicht, sich stets mit
dem höchsten weißen Licht der Engel und des Guten und der Schöpferkraft zu schützen. Wenn sich die Atmosphäre des Portals aufbaut, werden
sie das Portal „erkennen".

Portale sind natürlich vorkommende Strukturen, die man vergrößern
und in die man eintreten kann. Um mein eigenes Portal zu vergrößern,

visualisiere ich es mit meinem Dritten Auge und dann an dem physischen Platz (mein spezieller Platz ist in den Wäldern des Castleberg). Ich umgebe ihn mit Kristallen, um die Energie des Platzes in Balance zu halten.

Machen Sie Ihre Erfahrungen mit dem Erschaffen dieses Portales zu einem glücklichen und erhebenden Erlebnis und haben Sie keine Angst. Behalten Sie eine positive Einstellung und richten Sie Ihre Gedanken auf die Art von Ergebnis, die Sie damit erreichen möchten.

Das Benutzen von Quarzkristallen in Verbindung mit dem Öffnen des Portals ist hilfreich, da die Eigenschaften des Quarz eine beinahe elektrische Ladung abgeben können, die man als den Piezoelektrischen Effekt kennt, wenn das Kristall unter Druck steht. Wenn die Kristalle derart beeinflusst werden von den Wesen aus dem Portal, dann werden die Quarze, das Portal und die Wesen (auch Sie selbst) „verbessert" und die elektrischen Vibrationen, die der Quarz abgibt, macht es den Besuchern aus dem Quartal möglich, für uns sichtbar zu werden und wir für sie.

Der Autor

Der Autor in Ilkley Moor, England

NIGEL MORTIMER wurde 1959 in Münster, Deutschland, geboren und kehrte nach einem mehrjährigen Aufenthalt in Singapur in die Heimatstadt seiner Familie in Otley, West Yorkshire, England zurück.

Er wuchs in Nottingham auf und zog in den späten 1970er Jahren nach Yorkshire zurück. Sein ganzes Leben lang interessierte er sich für seltsame Phänomene und machte auch seine Erfahrungen damit.

Seine Biografie in seinen eigenen Worten:

Ich war seit 1980 aktiv an der UFO-Forschung beteiligt, nachdem ich selbst ein UFO bei mir Zuhause gesehen habe. Schnell wurde ich ein regionaler UFO Forscher beim Northern UFO Network, das damals von Jenny Randles geleitet wurde (die meine Arbeit für ihre Bücher verwendet hat), und schließlich Director of Regional Investigations bei der BUFORA in den frühen 1990er Jahren.

Ich war Gründer der angesehenen WYUFORG (West Yorkshire UFO Research Group), die später zur IUN wurde, der Anfangsbasis der UFO-LOGIE für berühmte Namen wie David Clarke (der jetzt mit den National Archives MOD zusammen arbeitet) und Andy Roberts.

Zusammen mit anderen Mitgliedern der WYUFORG war ich dafür verantwortlich, den „Cracoe Fell" Ufo-Fotografie-Fall von 1983 aufzuklären, der in die Geschichte der Britischen UFO Fälle als einer der am besten untersuchten Fälle eingegangen ist.

Ich habe Artikel für viele Zeitschriften verfasst, inklusive der „Yorkshire Post", „Bradford Telegraph & Argus", und der „Ilkley Gazette" und habe auch an nationalen und internationalen Radio- und Fernsehsendungen mitgewirkt. Ich war der Herausgeber meiner eigenen Newsletter „UFO-Reporter" und „UFO Visitors" und habe außerdem Artikel für viele berühmte Zeitschriften verfasst.

Meine Arbeit wurde in einer Reihe von UFO Büchern namhafter Autoren verwendet und ich war beratend tätig für das 'If you go down to the woods' Kapitel in Jenny Randles „ Pennine UFO Mystery (Granada)". Bisher habe ich verschiedene Bücher veröffentlicht, darunter „ The UFO Mysteries Of Ilkley Moor" und „The Circle & The Sword" (aktualisiert 2012), das meine persönlichen Nachforschungen in der Region von Ilkley Moor beschreibt und bislang unveröffentlichtes Material enthält.

Seit 1990 stehe ich in Kontakt mit Wesen aus einer anderen Welt, die sich psychisch manifestieren in einer laufenden (Channeling-) Kommunikation mit einem Himmlischen Wesen, das sich Sharlek nennt über den ich in dem Buch „The Circle and the Sword" berichte.

Momentan moderiere ich meine eigene Webseite „Future Free TV", die über das UFO Phänomen diskutiert, ganz offen und ohne Vorurteile, auf der Suche nach der Wahrheit und Enthüllungen. Meiner Meinung nach handelt es sich bei den UFOs nicht um materielle 3D-Luftfahrt-Objekte von anderen Planeten, sondern eher um die Projektionen eines Phänomens, das tatsächlich „außerirdisch" anmutet für unser momentanes menschliches Verständnis. Aber ich glaube, dass dieses Phänomen schon seit Jahrhunderten mit der Menschheit interagiert.

Ich untersuche aktiv die Yorkshire Dales, besonders den Menwith Hill und seine Verbindung mit historischen Plätzen und lichtförmigen Erscheinungen und schreibe Berichte darüber. Ich halte regelmäßig Vorträge bei UFO – Tagungen in England und arbeite ständig eng mit den Medien zusammen. Bis vor Kurzem war ich als Tutor für Schüler mit Lernschwierigkeiten angestellt, denen ich in einem College in Keighley, West Yorkshire, England die Grundkenntnisse vermittelte. Jetzt führe ich zusammen mit meiner Frau Helen von unserem Zuhause in North Yorkshire aus eine Buchhandlung, die sich auf paranormale Literatur spezialisiert hat.

Eigene Veröffentlichungen:
1981 – Spheres Of Influence (Dowsing and the Paranormal)
1983-1986 WYUFORG Newsletter (later became UFO Brigantia)
1994 – 1996 UFO Reporter Newsletter. (became UFO Visitors)
1996 – Return Of The Flying Saucerers (Bradford UFO Flap)
1996 – The Call Of Backstones (Addingham UFO Entities/Stone Circle)
2001 and 2008 update – UFO Mysteries Of Ilkley Moor
The Circle & The Sword

TV shows: (between 1990 - 2006)
Edit 5 (Yorkshire TV)
Calendar News (Yorkshire TV)
Good Morning (Granada)
Schofield's Quest (ITV)
The Heaven & Earth Show with Toyah Wilcox
Sky Documentaries (various)
The Scream Team (Living TV)
The Sunday Show (Granada)
BBC & ITV Regional News (various)

Radio:
BBC Radio Leeds
Radio Aire
Pennine Radio
Fresh Radio
Now That's Weird (Ross Hemsworth)

Zeitschriften:
UFO Universe
UFO Times (BUFORA)
UFO Encounters (Uri Geller's)
Encounters
Fortean Times
Sightings Magazine
Nexus Magazine

Weitere Veröffentlichung von Nigel Mortimer im Ancient Mail Verlag:

Der Steinkreis und das Schwert

eBook

ISBN 978-3-943565-19-5, 111 Seiten, eBook, 33 Abbildungen, **€ 6,99**

Channeling Medium und Heiler Nigel Mortimer ist UFO-Forscher und Erforscher der historischen Steinkreis von Ilkley Moor. Er hat dieses Buch 2004 geschrieben und 2012 aktualisiert. Folgen Sie dem Autoren auf seiner Reise durch das Moor und lauschen Sie seinen faszinierenden Erlebnissen mit den OBOLs (Orangene Lichtbälle), die auch als UFOs bekannt sind...

Auch in englischer Sprache erhältlich:

The Circle and the Sword

eBook

ISBN 978-3-943565-21-8, 111 Seiten, eBook, 33 Abbildungen, **€ 6,99**

Franz Bätz

Die Geburt der Vierten Art

Das tiefe Geheimnis des Yoga

ISBN 978-3-943565-10-2, Din A5,
Paperback, 154 Seiten, 3 s/w-Abbildungen,
9 Farbfotos, **€ 13,50**

Yoga gilt zumindest in Indien als uralte und vor allem erprobte Wissenschaft. Yoga ist zum einen Philosophie und findet sich auch unter den sechs philosophischen Systemen des Hinduismus. Doch eine Philosophie war und ist im Osten nicht einfach nur eine Art Lehrsystem zum Selbstzweck, sondern immer auch ein Mittel zum Zweck; d. h. mit der jeweiligen Philosophie ist stets ein spiritueller Weg oder „Heilsweg" verbunden. Das gilt natürlich auch – oder besonders – für den Yoga.

Die Yoga-Philosophie postuliert, dass das menschliche Bewusstsein infolge einer Involution verhüllt oder verschleiert ist; demzufolge ist das Anliegen der Yoga-Praxis, diese Verhüllung wieder rückgängig zu machen. Dadurch werden Kräfte aktiviert – oder besser reak-tiviert, die wir „paranormal" nennen würden; im Sanskrit spricht man von Siddhis. Letztes Ziel ist die Rückführung des Bewusstseins zum Ursprung, zum kosmischen Bewusstsein. Der Yoga ist ein Geschenk an die Menschen von den Siddhas; das waren keine gewöhnlichen Erdenbewohner wie Sie und ich.

Auf unzähligen Reisen nach Indien und Tibet hat der Autor unmittelbaren Kontakt zu den Wurzeln des Yoga gefunden. Er vermittelt einerseits einen Überblick über die Herkunft der verschiedenen Arten des Yoga, aber er berichtet darüber hinaus auch aus erster Hand über Erfahrungen und fast unglaubliche Erlebnisse mit Yogîs, Sâdhus und ihren Fähigkeiten.